农药标准应用指南

（2008）

农业部农药检定所　编

中国农业出版社

图书在版编目（CIP）数据

农药标准应用指南 . 2008/农业部农药检定所编 . —北
京：中国农业出版社，2008.12
ISBN 978 - 7 - 109 - 13300 - 6

Ⅰ. 农… Ⅱ. 农… Ⅲ. 农药－标准－中国－指南 Ⅳ.
S48 - 65

中国版本图书馆 CIP 数据核字（2008）第 201590 号

中国农业出版社出版
（北京市朝阳区农展馆北路 2 号）
（邮政编码 100125）
责任编辑 王 凯

中国农业出版社印刷厂印刷 新华书店北京发行所发行
2009 年 1 月第 1 版 2009 年 1 月北京第 1 次印刷

开本：787mm×1092mm 1/16 印张：17.625
字数：260 千字 印数：1～2 000 册
定价：40.00 元
（凡本版图书出现印刷、装订错误，请向出版社发行部调换）

编　委　会

前　言

农药标准化是农药产业技术进步的重要标志，也是实施农业标准化的重要内容之一。近年来，我国十分重视农药管理工作，社会各界也普遍关注。为提高农药管理水平，促进农药行业健康协调发展，农药管理有关部门加大了农药标准制修订工作力度。随着我国《农产品质量安全法》的颁布实施，加强农产品质量安全管理，提高我国农产品国际竞争力，对农药标准化工作提出了更高的要求。

今年是农业部农药登记管理年，做好农药标准化工作具有重要的现实意义。加强农药标准的宣传贯彻，是农药标准化工作的重要环节，标准的宣贯工作是否到位，直接影响其社会和经济效益的发挥。同时，农药是一种特殊商品，农药标准化工作涉及农业、化工、卫生、环境保护等多个行业领域，因此，加强农药相关行业间的标准化信息交流，对于更好地推进农药标准化工作显得很有必要。为了方便大家了解、查询和利用农药标准，我们组织编印《农药标准应用指南》(2008)。

本书收集了截至 2008 年 8 月前发布的农药国家标准 392 项，行业标准 588 项。按照标准的功能进行分类，分为基础标准、产品标准、方法标准和安全标准四大类。摘录了标准编号、名称、应用范围和要求等主要内容，指导性和实用性强。在编写过程中，我们对使用不规范的中英文农药通用名称、剂型名称，按照现行国家标准进行了适当修改，并在原标准名称中以斜体字表示。为便于读者查阅，本书最后附标准顺序索引。国家标准按照强制性、推荐性标准分别以标准编号从小到大排列；行业标准按照行业代号的字母顺序排列，收集的行业标准包括：包装 (BB)、化工 (HG)、环境保护 (HJ)、粮食 (LS)、林业 (LY)、农业 (NY)、水产 (SC)、出入境检验检疫 (SN)、卫生 (WS)、烟草 (YC)。

由于时间仓促，书中难免有疏漏和错误之处，敬请读者批评指正。

编　者
2008 年 11 月

目　录

一、基础标准

序号	标准编号 （被替代标准号）	标准名称	应用范围和要求
1	GB/T 1604—1995 （GB/T 1604—1989）	商品农药验收规则 Commodity pesticide regulations for acceptance	规定了商品农药原药及加工制剂产品，在验收中供需双方的权利、责任与义务、技术依据、取样及仲裁。适用于商品农药原药及加工制剂产品的验收
2	GB/T 1605—2001 （GB/T 1605—1989）	商品农药采样方法 Sampling method for commodity pesticides	规定了商品农药的采样安全、采样技术、净含量检验以及样品的包装、运输和贮存。适用于商业和监督检验部门对商品农药原药及加工制剂的常规取样和质量检定；不适用于农药生产、加工和包装过程中的质量控制
3	GB 3796—2006 （GB 3796—1999）	农药包装通则 General rule for packing of pesticides	规定了农药的包装类别、包装技术要求、包装件运输、包装件贮存、试验方法和检验规则。适用于农药包装
4	GB 4838—2000 （GB 4838—1984）	农药乳油包装 Packaging for emulsifiable concentrates of pesticides	规定了农药乳油产品的包装技术要求、包装标志以及包装件的运输、贮存、试验方法和包装验收。适用于农药乳油包装
5	GB 4839—1998 （GB 4839—1984）	农药通用名称 Common name for pesticides	规定了国内外常用的1 000个中文农药通用名称。在国内科研、生产、商贸、使用、卫生、防疫、环保、出版物、广告等有关领域里，凡用到农药名称的，都应使用本标准的中文通用名称

序号	标准编号 （被替代标准号）	标准名称	应用范围和要求
6	GB 6944—2005 （GB 6944—1986）	危险货物分类和品名编号 Classification and code of dangerous goods	规定了危险货物分类 [爆炸品、气体、易燃液体、易燃固体、易于自燃的物质、遇水放出易燃气体的物质、氧化性物质和有机过氧化物、毒性物质和感染性物质、放射性物质和腐蚀性物质、杂项危险物质和物品] 和品名编号。适用于危险货物的运输、储存、生产、经营、使用和处置
7	GB 12268—2005 （GB 12268—1990）	危险货物品名表 List of dangerous goods	规定了危险货物品名表的一般规定 [爆炸品、气体、易燃液体、易燃固体、易于自燃的物质、遇水放出易燃气体的物质、氧化性物质和有机过氧化物、毒性物质和感染性物质、放射性物质、腐蚀性物质、杂项危险物质和物品] 和结构，货物的编号、名称和说明，英文名称、类别和次要危险性项别，以及危险性类别、次要危险性项别、包装类别等内容。适用于危险货物的运输、储存、生产、经营、使用和处置
8	GB 13042—1998 （GB 13042—1991）	包装容器 气雾罐 Packaging containers-aerosol cans	规定了气雾罐的要求、试验方法、检验规则以及标志、包装、运输与贮存。适用于口径为 25.4mm 的、以镀锡薄钢板或铝原料制成的气雾罐的生产、流通和监督检验
9	GB 13690—1992	常用危险化学品的分类及标志 Classification and labels of dangerous chemical substances commonly used	规定了常用危险化学品的分类 [爆炸品，压缩气体和液化气体，易燃液体，易燃固体、自燃物品和遇湿易燃物品，氧化剂和有机过氧化物，有毒品，放射性物品，腐蚀品]，危险标志及危险特性，还对 1 074 种常用危险化学品进行了分类，规定了危险性类别、危险标志及危险特性等内容。适用于常用危险化学品的生产、使用、贮存和运输，也适用于其他化学品

序号	标准编号 （被替代标准号）	标准名称	应用范围和要求
10	GB/T 17515—1998	农药乳化剂术语 Pesticide emulsifiers-terms	规定了 106 条农药乳化剂及与其有关的表面活性剂、表面现象、分散体系、乳状液、农药制剂加工、农药乳化剂及其有关的表面活性剂应用领域的有关术语。适用于农药乳化剂应用领域
11	GB/T 17768—1999	悬浮种衣剂产品标准编写规范 Guidelines on drafting standards of suspension concentrates for seed dressing	规定了悬浮种衣剂产品标准编写的要求和表述方法［有效成分质量分数、杂质、筛析、悬浮率、黏度范围、成膜性、包衣均匀性、包衣脱落率、pH 范围、低温和热贮稳定性］。适用于编写相应的悬浮种衣剂产品的国家标准、行业标准、地方标准和企业标准
12	GB/T 19378—2003	农药剂型名称及代码 Nomenclature and codes for pesticide formulations	规定了 120 个农药剂型的名称及代码，涵盖了国内现有的农药剂型、国际上绝大多数农业用剂型和卫生用农药的剂型。适用于农药的原药和母药［包括原药和母药、固体制剂、液体制剂、种子处理制剂、其他制剂］
13	GB 20578—2006	化学品分类、警示标签和警示性说明安全规范 易燃气溶胶 Safety rules for classification, precautionary labeling and precautionary statements of chemicals-Flammable aerosols	规定了易燃气溶胶的术语和定义、分类、判定程序和指导、类别和警示标签、类别和标签要素的配置及警示性说明的一般规定。适用于易燃气溶胶按联合国《化学品分类及标记全球协调制度》的危险性分类、警示标签和警示性说明
14	GB 20813—2006	农药产品标签通则 Guideline on labels for pesticide products	规定了农药产品标签设计制作的基本原则、标签标示的基本内容和要求。适用于商品农药（用于销售、包括进口）产品的标签设计和制作。不适用于出口农药以及属农药管理范畴的转基因作物、天敌生物产品的标签设计和制作

（续）

序号	标准编号 （被替代标准号）	标准名称	应用范围和要求
15	GB/T 21459.1—2008	真菌农药母药产品标准编写规范 Specification guidelines for fungal pesticide technical concentrates (TK)	规定了真菌农药母药产品标准中的产品要求［含菌量、活菌率、毒力、杂菌率、化学杂质、干燥减量、pH范围、贮存稳定性和（或）热贮稳定性］、试验方法以及标签、包装、贮存和运输等规范性技术要素的内容和编写要求。适用于真菌母药产品的国家标准、行业标准或企业标准的编写
16	GB/T 21459.2—2008	真菌农药粉剂产品标准编写规范 Specification guidelines for fungal pesticide powders (DP)	规定了真菌农药粉剂产品标准中的产品要求［含菌量、活菌率、毒力、杂菌率、化学杂质、干燥减量、细度、pH范围、贮存稳定性和（或）热贮稳定性］、试验方法以及标签、包装、贮存和运输等规范性技术要素的内容和编写要求。适用于真菌粉剂产品的国家标准、行业标准或企业标准的编写
17	GB/T 21459.3—2008	真菌农药可湿性粉剂产品标准编写规范 Specification guidelines for fungal pesticide wettable powders (WP)	规定了真菌农药可湿性粉剂产品标准中的产品要求［含菌量、活菌率、毒力、杂菌率、化学杂质、干燥减量、悬浮率、润湿时间、细度、pH范围、贮存稳定性和（或）热贮稳定性］、试验方法以及标签、包装、贮存和运输等规范性技术要素的内容和编写要求。适用于真菌可湿性粉剂产品的国家标准、行业标准或企业标准的编写
18	GB/T 21459.4—2008	真菌农药油悬浮剂产品标准编写规范 Specification guidelines for fungal pesticide oil miscible flowable concentrates (OF)	规定了真菌农药油悬浮剂产品标准中的产品要求［含菌量、活菌率、毒力、杂菌率、化学杂质、水分、悬浮率、倾倒性、低温稳定性、贮存稳定性和（或）热贮稳定性］、湿筛试验，试验方法以及标签、包装、贮存和运输等规范性技术要素的内容和编写要求。适用于真菌油悬浮剂产品的国家标准、行业标准或企业标准的编写

序号	标准编号 （被替代标准号）	标准名称	应用范围和要求
19	GB/T 21459.5—2008	真菌农药饵剂产品标准编写规范 Specification guidelines for fungal pesticide baits (RB)	规定了真菌农药饵剂产品标准中的产品要求[含菌量、活菌率、毒力、杂菌率、化学杂质、引诱剂、干燥减量、细度、pH范围、贮存稳定性和（或）热贮稳定性]、试验方法以及标志、标签、包装、贮存和运输等规范性技术要素的内容和编写要求。适用于真菌农药饵剂产品的国家标准、行业标准或企业标准的编写
20	BB 0005—95	气雾剂产品标示 Label of aerosol products	规定了气雾剂产品标示的基本要求。适用于在气雾剂包装容器上直接印刷或粘贴的气雾剂产品
21	BB/T 0033—2006 （GB/T 1448—1993）	气雾剂产品的分类及术语 Classification and terms of aerosol products	规定了气雾剂产品的分类、术语及定义（共74条）。适用于生产、使用、科研和流通领域的气雾剂产品
22	BB 0042—2007	包装容器 铝质农药瓶 Packing containers-aluminum bottle for packing of pesticides	规定了铝质农药瓶的产品分类[Y型：盛满液态的农药瓶，G型：盛满固态的农药瓶]、要求[具有抗腐蚀或合适机械强度]、试验方法、检验规则以及标志、包装、运输与储运。适用于容量在1.5L及以下各种规格的农药瓶
23	BB 0044—2007	包装容器 塑料农药瓶 Packing containers-plastic bottle for packing of pesticides	规定了塑料农药瓶的定义、产品分类[一级危险品包装瓶分3类、二级属非危险品包装；按瓶成型法分为挤吹瓶、注吹瓶、注塑瓶]、要求、试验方法、检验规则以及标志、包装、运输与储运。适用于容量不超过1L（1kg）、以聚乙烯（PE）、聚对苯二甲酸乙二醇（PET）为主要原料制成的农药瓶和采用聚乙烯氟化等工艺制成的农药瓶，乙烯-乙烯醇共聚物或聚酰胺

序号	标准编号（被替代标准号）	标准名称	应用范围和要求
24	HG/T 2467.1~20—2003（HG/T 2467.1~7—1996，HG/T 2473.1~6—1996）	农药产品标准编写规范 Guidelines on drafting specifications of pesticides	适用于编写相应产品［原药、母药、可湿性粉剂、粉剂、颗粒剂、水分散片剂、可分散粉剂、可溶粒剂、可溶片剂、烟片、烟粒、可溶液剂、水剂、悬浮剂、乳油、水乳剂、微乳剂、悬乳剂、超低容量液剂］的国家标准、行业标准、地方标准和企业标准
25	HG/T 2467.1—2003	农药原药产品标准编写规范	规定了原药的要求［有效成分质量分数、相关杂质、水分、固体不溶物、水分、酸碱度或 pH 范围］，试验方法以及标签、包装、贮运。适用于由原药及其生产过程中产生的杂质组成的原药的国家标准、行业标准、企业标准的编写
26	HG/T 2467.2—2003	农药乳油产品标准编写规范	规定了乳油的要求［有效成分质量分数、相关杂质、水分、乳液稳定性、低温稳定性、热贮稳定性、酸碱度或 pH 范围、乳化性］，试验方法以及标签、包装、贮运。适用于原药与乳化剂溶解在适宜溶剂中配制而成乳油的国家标准、行业标准或企业标准的编写
27	HG/T 2467.3—2003	农药可湿性粉剂产品标准编写规范	规定了可湿性粉剂的要求［有效成分质量分数、相关杂质、水分、酸碱度或 pH 范围、悬浮率、润湿时间、细度、热贮稳定性］，试验方法以及标签、包装、贮运。适用于原药、适宜的助剂和填料加工而成可湿性粉剂的国家标准、行业标准或企业标准的编写

序号	标准编号 （被替代标准号）	标准名称	应用范围和要求
28	HG/T 2467.4—2003	农药粉剂产品标准编写规范	规定了粉剂的要求［有效成分质量分数、相关杂质、水分、酸碱度或 pH 范围、细度、热贮稳定性］、试验方法以及标志、标签、包装、贮运。适用于原药、助剂和填料加工而成粉剂的国家标准、行业标准或企业标准的编写
29	HG/T 2467.5—2003	农药悬浮剂产品标准编写规范	规定了悬浮剂的要求［有效成分质量分数、相关杂质、酸碱度或 pH 范围、悬浮率、湿筛试验、倾倒性、持久起泡性、低温稳定性、热贮稳定性］、试验方法以及标志、标签、包装、贮运。适用于原药、助剂和填料加工而成悬浮剂的国家标准、行业标准或企业标准的编写
30	HG/T 2467.6—2003	农药水剂产品标准编写规范	规定了水剂的要求［有效成分质量分数、相关杂质、水不溶物、pH 范围、稀释稳定性、低温稳定性、热贮稳定性］、试验方法以及标志、标签、包装、贮运。适用于原药和必要的助剂加工成水剂的国家标准、行业标准或企业标准的编写
31	HG/T 2467.7—2003	农药可溶液剂产品标准编写规范	规定了可溶液剂的要求［有效成分质量分数、相关杂质、水分、酸碱度或 pH 范围、与水互溶性、低温稳定性、热贮稳定性］、试验方法以及标志、标签、包装、贮运。适用于原药和助剂溶解在适宜的水溶性溶剂中加工而成可溶液剂的国家标准、行业标准或企业标准的编写
32	HG/T 2467.8—2003	农药母药产品标准编写规范	规定了母药的要求［有效成分质量分数、相关杂质、试验方法以及标志、酸碱度或 pH 范围］、固体不溶物、包装、贮运。适用于由母药及其生产过程中产生的杂质组成母药的国家标准、行业标准或企业标准的编写

序号	标准编号 （被替代标准号）	标准名称	应用范围和要求
33	HG/T 2467.9—2003	农药水乳剂产品标准编写规范	规定了水乳剂的要求〔有效成分质量分数、相关杂质、酸碱度或pH范围、倾倒性、持久起泡性、低温稳定性、热贮稳定性、乳液稳定性〕，试验方法以及标志、标签、包装、贮运。适用于原药与助剂加工成水乳剂的国家标准、行业标准或企业标准的编写
34	HG/T 2467.10—2003	农药微乳剂产品标准编写规范	规定了微乳剂的要求〔有效成分质量分数、相关杂质、酸碱度或pH范围、透明温度范围、低温稳定性、热贮稳定性〕，试验方法以及标志、标签、包装、贮运。适用于原药、水与助剂加工成微乳剂的国家标准、行业标准或企业标准的编写
35	HG/T 2467.11—2003	农药悬乳剂产品标准编写规范	规定了悬乳剂的要求〔有效成分质量分数、相关杂质、酸碱度或pH范围、倾倒性、分散稳定性、持久起泡性、湿筛试验、低温稳定性、热贮稳定性〕，试验方法以及标志、标签、包装、贮运。适用于原药与助剂加工成悬乳剂的国家标准、行业标准或企业标准的编写
36	HG/T 2467.12—2003	农药颗粒剂产品标准编写规范	规定了颗粒剂的要求〔有效成分质量分数、相关杂质、水分、酸碱度或pH范围、松密度和堆密度、脱落率、粒度范围、热贮稳定性〕，试验方法以及标志、标签、包装、贮运。适用于原药、载体和助剂用包衣法加工成颗粒剂的国家标准、行业标准或企业标准的编写

序号	标准编号 （被替代标准号）	标准名称	应用范围和要求
37	HG/T 2467.13—2003	农药水分散粒剂产品标准编写规范	规定了水分散粒剂的要求 [有效成分质量分数、相关杂质、水分、酸碱度或 pH 范围、悬浮率、分散性、持久起泡性、润湿时间、湿筛试验、粒度范围、热贮稳定性]、试验方法以及标志、标签、包装、贮运。适用于原药、载体和助剂加工成水分散粒剂的国家标准、行业标准或企业标准的编写
38	HG/T 2467.14—2003	农药可分散片剂产品标准编写规范	规定了可分散片剂的要求有 [有效成分质量分数、相关杂质、水分、酸碱度或 pH 范围、悬浮率、持久起泡性、崩解时间、湿筛试验、粉末和碎片、热贮稳定性]、试验方法以及标志、标签、包装、贮运。适用于原药、载体和助剂加工成可分散片剂的国家标准、行业标准或企业标准的编写
39	HG/T 2467.15—2003	农药可溶粉剂产品标准编写规范	规定了可溶粉剂的要求 [有效成分质量分数、相关杂质、水分、酸碱度或 pH 范围、溶解程度和溶液稳定性、持久起泡性、润湿时间、热贮稳定性]、试验方法以及标志、标签、包装、贮运。适用于原药、载体和助剂加工成可溶粉剂的国家标准、行业标准或企业标准的编写
40	HG/T 2467.16—2003	农药可溶粒剂产品标准编写规范	规定了可溶粒剂的要求 [有效成分质量分数、相关杂质、水分、酸碱度或 pH 范围、溶解程度和溶液稳定性、持久起泡性、热贮稳定性]、试验方法以及标志、标签、包装、贮运。适用于原药、载体和助剂加工成可溶粒剂的国家标准、行业标准或企业标准的编写

序号	标准编号 （被替代标准号）	标准名称	应用范围和要求
41	HG/T 2467.17—2003	农药可溶片剂产品标准编写规范	规定了可溶片剂的要求 [有效成分质量分数、相关杂质、水分、酸碱度或 pH 范围、溶解程度和溶液稳定性、持久起泡性、崩解时间、湿筛试验、粉末和碎片、热贮稳定性]、试验方法以及标志、包装、标签、贮运。适用于原药、载体和助剂加工成可溶片剂的国家标准、行业标准或企业标准的编写
42	HG/T 2467.18—2003	农药烟粉粒剂产品标准编写规范	规定了烟粉粒剂的要求 [有效成分质量分数、相关杂质、干燥减量、酸碱度或 pH 范围、成烟率、自燃温度、干筛试验、燃烧发烟时间、点燃试验、热贮稳定性]、试验方法以及标志、包装、标签、贮运。适用于原药、助燃剂、燃剂、填料等加工成烟粉粒剂的国家标准、行业标准或企业标准的编写
43	HG/T 2467.19—2003	农药烟片剂产品标准编写规范	规定了烟片剂的要求 [有效成分质量分数、相关杂质、干燥减量、酸碱度或 pH 范围、成烟率、自燃温度、跌落破碎率、粉末和碎片、燃烧发烟时间、点燃试验、热贮稳定性]、试验方法以及标志、包装、标签、贮运。适用于原药、助燃药、燃剂、填料等加工成烟片剂的国家标准、行业标准或企业标准的编写
44	HG/T 2467.20—2003	农药超低容量液剂产品标准编写规范	规定了超低容量液剂的要求 [有效成分质量分数、相关杂质、水分、酸碱度或 pH 范围、低温稳定性、热贮稳定性]、试验方法以及标志、包装、标签、贮运。适用于原药与助剂配制成的超低容量液剂的国家标准、行业标准或企业标准的编写

序号	标准编号 （被替代标准号）	标准名称	应用范围和要求
45	HG 3308—2001 （HG 3308—1986）	农药通用名称及制剂名称命名原则和程序 Principles and procedure of the nomenclature for common names of pesticides and pesticide formulations	规定了农药有效成分中文通用名称以及制剂名称的命名原则和程序。适用于农药有效成分中文通用名称以及制剂名称的命名
46	NY/T 718—2003	农药毒理学安全性评价良好实验室规范	规定了从事农药毒理学安全性评价良好实验室的规范。适用于农药毒理学安全性评价试验。标准中有相关术语、对评价机构的组织和人员、质量保证部门、实验设施、仪器设备和试验材料、标准操作规程、试验计划书及试验的实施、试验报告书、资料和标本的保管等作出了相关要求
47	NY/T 762—2004	蔬菜农药残留检测抽样规范	规定了新鲜蔬菜采样本抽样方法及实验室试样制备方法。适用于市场和生产地新鲜蔬菜采样本地抽取及实验室试样的制备
48	NY/T 788—2004	农药残留试验准则 Guideline on pesticide residue trials	规定了农药残留试验的基本要求（包括田间试验的设计和实施、采样及试样贮藏、残留分析、试验记录及报告）。适用于农药登记残留试验，最高残留限量的制定及农药合理使用准则的制定
49	NY/T 789—2004	农药残留分析样本的采样方法 Guideline on sampling for pesticide residue analysis	规定了农药残留田间试验样本（植株、水、土壤）、产地和市场样本的采集、处理、贮存方法。适用于种植业中农药残留分析样本的采样过程

序号	标准编号 （被替代标准号）	标准名称	应用范围和要求
50	NY/T 1386—2007	农药理化分析良好实验室规范准则 Principles of good laboratory practice for pesticide physical-chemical testing	规定了农药理化分析实验室应遵从的良好实验室规范准则。适用于为向农药登记部门提供所需产品的理化数据而开展的试验
51	NY/T 1493—2007	农药残留试验良好实验室规范 Good laboratory practice for pesticide residue trials	规定了农药残留试验应遵从的良好实验室规范的基本要求。适用于为农药登记提供数据进行的残留试验
52	NY/T 1667.1—2008	农药登记管理术语　第1部分：基本术语 Terminology of pesticide registration management Part 1：Basic terminology	规定了农药登记中常用的79条基本术语。适用于农药管理领域
53	NY/T 1667.2—2008	农药登记管理术语　第2部分：产品化学 Terminology of pesticide registration management Part 2：Product chemistry	规定了农药登记中常用的176条产品化学术语。适用于农药管理领域
54	NY/T 1667.3—2008	农药登记管理术语　第3部分：农药药效 Terminology of pesticide registration management Part 3：Pesticide efficacy	规定了农药登记中常用的134条农药药效术语。适用于农药管理领域

序号	标准编号 （被替代标准号）	标准名称	应用范围和要求
55	NY/T 1667.4—2008	农药登记管理术语 第 4 部分：农药毒理 Terminology of pesticide registration management Part 4: Pesticide toxicology	规定了农药登记中常用的 125 条农药毒理术语。适用于农药管理领域
56	NY/T 1667.5—2008	农药登记管理术语 第 5 部分：环境影响 Terminology of pesticide registration management Part 5: Pesticide environmental effect	规定了农药登记中常用的 79 条环境影响术语。适用于农药管理领域
57	NY/T 1667.6—2008	农药登记管理术语 第 6 部分：农药残留 Terminology of pesticide registration management Part 6: Pesticide residue	规定了农药登记中常用的 28 条农药残留术语。适用于农药管理领域
58	NY/T 1667.7—2008	农药登记管理术语 第 7 部分：农药监督 Terminology of pesticide registration management Part 7: Pesticide supervision	规定了农药登记中常用的 40 条农药监督术语。适用于农药管理领域

（续）

序号	标准编号（被替代标准号）	标准名称	应用范围和要求
59	NY/T 1667.8—2008	农药登记管理术语 第8部分：农药应用 Terminology of pesticide registration management Part 8: Pesticide application	规定了农药登记中常用的76条农药应用领域术语。适用于农药管理领域。其中附录A：适用作物和场所的中、英文或拉丁文对照名称共有431条，附录B：防治对象或作用的中、英文或拉丁文对照名名称共有1 026条
60	SN/T 0001—1995 （SN/T 0001—1993）	出口商品中农药、兽药残留量及生物毒素检验方法标准编写的基本规定 General rules for drafting the standard methods for the determination veterinary drug residues and of pesticide, biotoxins in commodities for export	规定了出口商品中农药、兽药残留量及生物毒素检验方法标准编写的基本要求，标准的构成和条文的编写规则、回收率、精密度的测定低限、适用于编写出口商品中农药、兽药残留量及生物毒素检验方法的国家标准、行业标准
61	SN/T 0005—1996	出口商品中农药、兽药残留量及生物毒素生物学检验方法标准编写的基本规定 General rules for drafting the standard of biological methods for the determination of pesticide, veterinary drug residues and biotoxins in commodities for export	规定了出口商品中农药、兽药残留量及生物毒素的生物学检验方法标准编写的基本要求。适用于编写出口商品中农药、兽药残留量及生物毒素生物学检验方法的国家标准、行业标准
62	SN/T 0835—1995	进出口农药采样方法 Method for the sampling of pesticides for import and export	规定了进出口液体和固体农药的采样方法。适用于进出口农药原药和制剂

二、产品标准

序号	标准编号（被替代标准号）	标准名称[注1]	应用范围和要求
1	GB 434—1995（GB 434—1982）	溴甲烷原药 Methyl bromide technical	规定了溴甲烷原药的技术条件［溴甲烷质量分数≥99.5%、98.5%，酸度≤0.02%、0.05%］，试验方法（气相色谱法）、包装、运输和贮存以及标志、检验规则以及其生产中产生的杂质组成的溴甲烷原药及由溴甲烷组成的溴甲烷原药，应无添加的改性剂
2	GB 437—1993（GB 437—1980）	硫酸铜 Copper sulfate	规定了硫酸铜的技术条件［硫酸铜（$CuSO_4 \cdot 5H_2O$）质量分数≥98%（农业用）、96%（农业用）、94%（非农业用），酸度≤0.1%、0.2%、0.2%］，试验方法（化学法）、检验规则以及标志、包装、运输和贮存条件。适用于含5个结晶水的硫酸铜
3	GB 2548—1993（GB 2548—1981）	敌敌畏乳油 Dichlorvos emulsifiable concentrates	规定了80%、50%敌敌畏乳油的技术条件［敌敌畏质量分数≥77.5%、48%，水分≤0.1%，酸度≤0.3%］，试验方法（气相色谱法）、检验规则以及标志、包装、运输和贮存。适用于由敌百虫甲碱解法和亚磷酸三甲酯两种工艺路线生产的敌敌畏原药与适宜的乳化剂和溶剂配制的敌敌畏乳油
4	GB 2549—2003（GB 2549—1989）	敌敌畏原药 Dichlorvos technical	规定了敌敌畏原药的技术条件［敌敌畏质量分数≥95%，三氯乙醛≤0.5%，水分≤0.05%，酸度≤0.2%］，试验方法（气相色谱法）以及标志、标签、包装、贮存、运输。适用于由敌敌畏原药生产中产生的杂质组成的敌敌畏原药

序号	标准编号 （被替代标准号）	标准名称	应用范围和要求
5	GB/T 4895—2007 （GB/T 4895—1991）	合成樟脑 Synthetic camphor	规定了合成樟脑的定义、外观、性状、等级、要求［樟脑质量分数≥96%、95%、94%，不挥发物≤0.05%、0.05%、0.1%，乙醇不溶物≤0.01%、0.01%、0.015%，水分：石油醚溶液清晰透明，比旋光度 $[\alpha]_D^{20}$：−1.5°～+1.5°，熔点（毛细管法）≥174℃，170℃，165℃，酸度≤0.01%，硫酸显色（标准碘液）≤0.001mol/L］，试验方法（气相色谱法），检验规则，标志、包装、贮存、运输、安全（易燃固体，燃点50℃，自燃点375℃）及卫生（空气中樟脑蒸气量>3mg/cm³时，会刺激人体神经系统）。适用于以松节油为原料制得的工业合成樟脑
6	GB 5452—2001 （GB 5452—1985）	56%磷化铝片剂 56% Aluminium phosphide tablets	规定了56%磷化铝片剂的技术条件［磷化铝质量分数≥56%，片质量：3.2±0.1g、2.5±0.1g、0.6±0.03g］，试验方法（化学法）以及标志、标签、包装、贮运。适用于由符合标准的磷化铝原药和氨基甲酸铵及其他填料所压制成的磷化铝片剂
7	GB 6694—1998 （GB 6694—1986）	氰戊菊酯原药 Fenvalerate technical	规定了氰戊菊酯原药的技术要求［氰戊菊酯质量分数≥93%、90%、85%，水分≤0.2%、0.2%、0.5%，酸度≤0.1%、0.1%、0.2%］，试验方法（气相色谱法）以及标志、标签、包装、贮运。适用于由氰戊菊酯及其生产中产生的杂质组成的氰戊菊酯原药

序号	标准编号 （被替代标准号）	标准名称	应用范围和要求
8	GB 6695—1998 （GB 6695—1986）	20% 氰戊菊酯乳油 20% Fenvalerate emulsifiable concentrates	规定了 20%氰戊菊酯乳油的技术条件［氰戊菊酯质量分数≥20%，水分≤0.2%，酸度≤0.1%］、试验方法（气相色谱法）、检验规则以及标志、包装、运输和贮存条件。适用于由氰戊菊酯原药与适宜的乳化剂和溶剂配制的氰戊菊酯乳油
9	GB 8200—2001 （GB 8200—1987）	杀虫双水剂 Bisultap aqueous solution (thiosultao-disodium)	规定了杀虫双水剂的技术条件［杀虫双质量分数≥18%、29%，氯化钠≤12%、9%，硫代硫酸钠≤4%，氯化物盐酸盐（仲裁法）、硫代硫酸钠及氯化物盐酸盐（化学法）≤0.5%，非水滴定法、氯化钠，pH：5.5～7.5］、试验方法［杀虫双液相色谱法（仲裁法）、硫代硫酸钠及氯化物盐酸盐（化学法）］及标志、标签、包装、贮运。适用于由杀虫双和杀虫单产生的杂质组成的杀虫双水剂
10	GB 9551—1999 （GB 9551—1988）	百菌清原药 Chlorothalonil technical	规定了百菌清原药的技术要求［百菌清质量分数≥98.5%、96%、90%，六氯苯≤0.01%、0.03%、0.04%，二甲苯不溶物≤0.35%，pH：5～7、3.5～7、3.5～7］、试验方法［百菌清（气相色谱法）、六氯苯（液相色谱法）］以及标志、包装、贮运。适用于由百菌清及其生产过程中产生的杂质组成的百菌清原药
11	GB 9552—1999 （GB 9552—1988）	百菌清可湿性粉剂 Chlorothalonil wettable powders	规定了百菌清可湿性粉剂的技术条件［百菌清质量分数≥75%、60%、50%，六氯苯≤0.03%、0.03%、0.02%，悬浮率≥70%，pH：5～8.5］、试验方法［百菌清（液相色谱法）］以及标志、标签、包装、贮运。适用于由百菌清原药与适宜的助悬剂、燃剂、填料加工制成的 75%、60%、50%百菌清可湿性粉剂

序号	标准编号 （被替代标准号）	标准名称	应用范围和要求
12	GB/T 9553—1993 （GB 9553—1988）	井冈霉素水剂 Jinggangmeisu aqueous solution	规定了 3%、5%井冈霉素水剂的技术条件［井冈霉素 A（μg/mL）≥2.4×10⁴、4×10⁴，pH：2.5～3.5］，试验方法（液相色谱法）、检验规则以及标志、包装、运输和贮存条件。适用于吸水链霉菌井冈变种，通过微生物发酵法制得的抗生素——井冈霉素。本标准以主要有效成分井冈霉素 A 的含量来衡量产品的质量
13	GB 9556—2008 （GB 9556—1999）	辛硫磷原药 Phoxim technical	规定了辛硫磷原药的技术要求［辛硫磷质量分数（以顺式辛硫磷计）≥90%，水分≤0.5%，酸度≤0.3%］，试验方法（液相色谱法）以及标志、标签、包装、贮运。适用于由辛硫磷原药及其生产中产生的杂质组成的辛硫磷原药
14	GB 9557—2008 （GB 9557—1988）	40%辛硫磷乳油 40% Phoxim emulsifiable concentrates	规定了 40%辛硫磷乳油的技术条件［辛硫磷质量分数（以顺式辛硫磷计）≥40%，水分≤0.5%，酸度≤0.3%］，试验方法（液相色谱法）、检验规则以及标志、标签、包装、贮运。适用于由辛硫磷原药与适宜的乳化剂和溶剂配制的辛硫磷乳油
15	GB 9558—2001 （GB 9558—1988）	晶体乐果（母药） Crystallo-dimethoate (technical concentrate)	规定了乐果母药的技术要求［乐果质量分数≥96%，水分≤0.2%，酸度≤0.5%］，试验方法［液相色谱法（仲裁法）、薄层溴化法］以及标志、标签、包装、贮运。适用于由乐果及其生产中产生的杂质组成的晶体乐果
16	GB 10501—2000 （GB 10501—1989）	多菌灵原药 Carbendazim technical	规定了多菌灵原药的技术要求［多菌灵质量分数≥98%，以及 95%，干燥减量≤1%、1.5%］，试验方法（液相色谱法）以及标志、标签、包装、贮运。适用于由多菌灵及其生产中产生的杂质组成的多菌灵原药

序号	标准编号（被替代标准号）	标准名称	应用范围和要求
17	GB 12685—2006（GB 12685—1990）	三环唑原药 Tricyclazole technical	规定了三环唑原药的技术要求［三环唑质量分数≥95%，酸度≤0.5%］以及标志、标签、包装、贮运。试验方法（液相色谱法）。适用于由三环唑生产中产生的杂质组成的三环唑原药
18	GB 12686—2004（GB 12686—1990）	草甘膦原药 Glyphosate technical	规定了草甘膦原药的技术要求［草甘膦质量分数≥95%，甲醛≤0.8g/kg，亚硝基草甘膦≤1.0mg/kg］，试验方法（液相色谱法），分光光度法）以及标志、标签、包装、贮运。适用于由草甘膦生产及其生产中产生的杂质组成的草甘膦原药
19	GB 13649—1992	杀螟硫磷原药 Fenitrothion technical	规定了杀螟硫磷原药的技术条件［杀螟硫磷质量分数≥93%，85%、75%，水分≤0.2%，酸度≤0.3%、0.4%、0.5%］，试验方法（气相色谱法），检验规则以及包装、运输和贮存条件。适用于以三氯硫磷、同甲酚为主要原料，经氯化、硝化、缩合工艺合成的杀螟硫磷原药
20	GB 13650—1992	杀螟硫磷乳油 Fenitrothion emulsifiable concentrates	规定了杀螟硫磷乳油的技术条件［杀螟硫磷质量分数≥45%，检验水分≤0.3%，酸度≤0.3%］，试验方法（气相色谱法），检验规则以及标志、运输和贮存条件。适用于由杀螟硫磷原药与适宜的乳化剂和溶剂配制的杀螟硫磷乳油
21	GB 15582—1995	乐果原药 Dimethoate technical	规定了乐果原药的技术条件［乐果质量分数≥93%、90%、80%，水分≤0.2%、0.3%、0.4%，酸度≤0.3%、0.4%、0.4%］，试验方法（气相色谱法，薄层-溴化法）以及标志、包装、运输和贮存条件。适用于由乐果及其生产中产生的杂质组成的乐果原药，应无外来杂质

序号	标准编号 (被替代标准号)	标准名称	应用范围和要求
22	GB 15583—1995	40% 乐果乳油 40% Dimethoate emulsifiable concentrates	规定了 40%乐果乳油的技术条件［乐果质量分数≥40%，水分≤0.5%，酸度≤0.3%］，试验方法［气相色谱法、薄层-溴化法（仲裁法）］，检验规则以及标志、包装、运输和贮存条件。适用于由乐果原药与适宜的乳化剂和溶剂配制的乐果乳油
23	GB 15955—1995	赤霉素原药（赤霉酸） Gibberellins technical	规定了赤霉酸原药的技术要求［赤霉酸 GA₃ 质量分数≥90%，80%，75%，比旋光度 $[\alpha]_D^{20}$≥+75，+70，+68］，试验方法（液相色谱法）以及标志、标签、包装、贮运。适用于由赤霉素及其生产中产生的杂质组成的赤霉素原药
24	GB 18171—2000	百菌清悬浮剂 Chlorothalonil aqueous suspension concentrates	规定了百菌清悬浮剂的技术条件［百菌清质量分数≥40%，六氯苯≤0.02%，悬浮率≥90%，pH：6～9］，试验方法（液相色谱法）以及标签、标志、菌清（气相色谱法）、六氯苯（液相色谱法），包装、贮运。适用于由符合 GB 9551 的百菌清原药、填料及适宜的助剂加工制成的 40%百菌清悬浮剂
25	GB 18172.1—2000	百菌清烟粉粒剂 Chlorothalonil smoke power-Granualars	规定了百菌清烟粉粒剂的技术条件［百菌清质量分数≥30%，45%，六氯苯≤0.01%，0.02%，加热减量≤4%，pH：5～8.5］，试验方法［百菌清（气相色谱法）、六氯苯（液相色谱法）］以及标志、标签、包装、贮运。适用于由符合 GB 9551 的百菌清原药与适宜的助燃剂、燃剂、填料、填料加工制成的 45%、30%百菌清烟粉粒剂

（续）

序号	标准编号（被替代标准号）	标准名称	应用范围和要求
26	GB 18172.2—2000	10% 百菌清烟片剂 Chlorothalonil smoke tablets	规定了百菌清烟片剂的技术条件［百菌清质量分数≥10%，片质量：25±1 或 50±2g，六氯苯≤0.004%，六氯苯（液相色谱法），加热减量≤5%，pH：5~8.5］，试验方法［百菌清（气相色谱法）］以及标志、标签、包装、贮运、燃烧剂、填料加工制成的 10%百菌清烟片剂。适用于由百菌清原药与适宜的助燃剂、填料加工制成的 10%百菌清烟片剂
27	GB 18416—2001	家用卫生杀虫用品 盘式蚊香（蚊香） Domestic sanitary insecticide- Mosquito coil incense	规定了蚊香的定义、技术要求、试验方法、检验规则及标志、包装、运输、贮存、使用说明。适用于卫生杀虫剂、植物性粉末、碳质粉末、黏合剂和着色剂等为原料混合制成的蚊香
28	GB 18417—2001	家用卫生杀虫用品 电热片蚊香（电热蚊香片） Domestic sanitary insecticide- Electrothermal mosquito tablet incense (vaporizing mat)	规定了电热蚊香片的定义、技术要求、试验方法、检验规则、使用说明。适用于卫生杀虫剂成制驱制蚊液用的药片为载体，添加杀虫剂药液成制驱制蚊用的药片，与恒温电加热器配套使用，在额定的加热温度下，药剂以气体状态作用于蚊虫，起到驱杀蚊虫的产品
29	GB 18418—2001	家用卫生杀虫用品 电热液体蚊香（电热蚊香液） Domestic sanitary insecticide- Electrothermal mosquito liquid incense (liquid vaporizer)	规定了电热蚊香液的定义、技术要求、试验方法、检验规则及标志、包装、运输、贮存、使用说明。适用于放置在装有杀虫药液的瓶体中，经配套使用的恒温电加热器加热后，以气体状态作用于蚊虫，起到驱杀蚊虫效果的产品

序号	标准编号（被替代标准号）	标准名称	应用范围和要求
30	GB 18419—2001	家用卫生杀虫用品 杀虫气雾剂（气雾剂）Domestic sanitary insecticide-Spray insecticide (*aerosol*)	规定了杀虫气雾剂的定义、技术要求、试验方法、检验规则及标志、包装、贮运，使用说明。适用于卫生杀虫剂有效成分与适宜的溶剂和辅助剂配制而成的，以抛射剂为动力，罐装于耐压容器内，手动压动促动器按预定形态喷出，用以驱杀害虫的产品
31	GB 19307—2003	百草枯母药 Paraquat technical concentrates	规定了百草枯母药的技术条件 [百草枯阳离子质量分数≥30.5%，百草枯阳离子与三氮杂菲酮质量比（400±50）：1；4，4′-联吡啶≤百草枯质量分数的0.3%，pH：2～6]，试验方法 [液相色谱法（仲裁法）、比色法] 以及标志、包装、贮运。适用于由百草枯和生产中产生的杂质以及催吐剂组成的百草枯母药
32	GB 19308—2003	百草枯水剂 Paraquat aqueous solution	规定了百草枯水剂的技术条件 [百草枯阳离子质量分数，质量浓度 $22.5^{+1.5}_{-0.7}$ %，250^{+15}_{-7} g/L，$18.5^{+1}_{-0.5}$ %，200^{+10}_{-5} g/L，百草枯阳离子与三氮杂菲酮质量比（400±50）：1，4，4′-联吡啶≤百草枯质量分数的0.3%，pH：4～7]，试验方法 [液相色谱法（仲裁法）、比色法] 以及标志、包装、贮运。适用于由百草枯和生产中产生的杂质组成的百草枯水剂
33	GB 19336—2003	阿维菌素原药 Abamectin technical	规定了阿维菌素原药的技术条件 [阿维菌素（$B_{1a}+B_{1b}$）质量分数≥92%，α（B_{1a}/B_{1b}）≥4，pH：4.5～7]，试验方法（液相色谱法）以及标志、包装、贮运。适用于由阿维菌素及其生产中产生的杂质组成的阿维菌素原药

序号	标准编号（被替代标准号）	标准名称	应用范围和要求
34	GB 19337—2003	阿维菌素乳油 Abamectin emulsifiable concentrates	规定了阿维菌素乳油的技术条件[阿维菌素（B_{1a}+B_{1b}）质量分数≥标示值%，α（B_{1a}/B_{1b}）≥4，水分≤0.6%，pH：4.5~7]，试验方法（液相色谱法）以及标志、标签、包装、贮运。适用于由阿维菌素原药与乳化剂溶解在适宜溶剂中配制成的阿维菌素乳油
35	GB/T 19567.1—2004	苏云金芽孢杆菌原粉（母药） Bacillus thuringiensis technical (technical concentrate)	规定了苏云金芽孢杆菌鲇泽亚种（B.t.a）母药的技术条件[毒素蛋白（130kDa）≥8%、7%、6%，毒力效价（甜菜夜蛾 S.e.）/（IU/mg）≥60 000、50 000，水分≤6%，pH：5.5~7]和苏云金芽孢杆菌库斯塔克亚种（B.t.k）的技术条件[毒素蛋白（130kDa）≥7%、6%，毒力效价（小菜蛾 P.x.，棉铃虫 H.a.）/（IU/mg）≥50 000、40 000，水分≤6%，pH：5.5~7]，试验方法[毒素蛋白用十二烷基硫酸钠-聚丙烯酰胺凝胶图像处理法测定]以及标志、标签、包装、贮运。适用于防治鳞翅目害虫的苏云金芽孢杆菌原粉
36	GB/T 19567.2—2004	苏云金芽孢杆菌悬浮剂 Bacillus thuringiensis suspension concentrates	规定了苏云金芽孢杆菌悬浮剂的技术条件[毒素蛋白（130kDa）≥0.6%，毒力效价（小菜蛾 P.x.，棉铃虫 H.a.）/（IU/μL），（甜菜夜蛾 S.e.）/（IU/mg）≥6 000，悬浮率≥80%，pH：4.5~6.5]，试验方法（SDS-PAGE 凝胶图像处理法测定）以及标志、标签、包装、贮运。适用于防治鳞翅目害虫的苏云金芽孢杆菌悬浮剂

序号	标准编号 （被替代标准号）	标准名称	应用范围和要求
37	GB/T 19567.3—2004	苏云金芽孢杆菌可湿性粉剂 Bacillus thuringiensis wettable powders	规定了苏云金芽孢杆菌可湿性粉剂的技术条件［毒素蛋白（130kDa）≥4%，2%，毒力效价（小菜蛾 P.x.，棉铃虫 H.a.，甜菜夜蛾 S.e.）/（IU/mg）≥32 000，16 000，悬浮率≥70%，pH：6～7.5］，试验方法［毒素蛋白用十二烷基硫酸钠-聚丙烯酰胺（SDS-PAGE）凝胶图像处理法测定］以及标志、标签、包装、贮运。适用于防治鳞翅目害虫的苏云金芽孢杆菌原粉和助剂制成的苏云金芽孢杆菌可湿性粉剂
38	GB 19604—2004	毒死蜱原药 Chlorpyrifos technical	规定了毒死蜱原药的技术要求［毒死蜱质量分数≥95%，水分≤0.2%，酸度≤0.2%］，试验方法［液相色谱法（仲裁法）、气相色谱法］以及标志、标签、包装、贮运。适用于由毒死蜱及其生产中产生的杂质组成质量的毒死蜱原药
39	GB 19605—2004	毒死蜱乳油 Chlorpyrifos emulsifiable concentrates	规定了毒死蜱乳油的技术要求［毒死蜱质量分数≥40%，水分≤0.3%，酸度≤0.2%］，试验方法［液相色谱法（仲裁法）、气相色谱法］以及标志、标签、包装、贮运。适用于由毒死蜱原药与化剂在适宜溶剂中配制成的毒死蜱乳油
40	GB/T 20437—2006	硫丹乳油 Endosulfan emulsifiable concentrates	规定了硫丹乳油的技术要求［硫丹质量分数≥标示值%，α/β值：1.8～2.3，水分≤0.3%，pH：5～8］，试验方法［毛细管柱气相色谱法（仲裁法），填充柱气相色谱法］以及标志、标签、包装、贮运。适用于由硫丹原药与适宜的乳化剂、溶剂配制成的硫丹乳油

（续）

序号	标准编号 （被替代标准号）	标准名称	应用范围和要求
41	GB/T 20619—2006	40%杀扑磷乳油 40% Methidathion emulsifiable concentrates	规定了40%杀扑磷乳油的技术要求［杀扑磷质量分数≥40%，水分≤0.5%，pH：4～7］，试验方法（仲裁法）、气相色谱法］以及标志、标签、包装、贮运。适用于由杀扑磷原药与适宜的乳化剂、溶剂配制成的杀扑磷乳油
42	GB/T 20620—2006	灭线磷颗粒剂 Ethoprophos granules	规定了灭线磷颗粒剂的技术要求［灭线磷质量分数≥10%，水分≤3%，pH：4～7］，试验方法（气相色谱法）以及标志、标签、包装、贮运。适用于由灭线磷原药与适宜的助剂、包衣剂、着色剂和载体加工而成的灭线磷颗粒剂
43	GB 20676—2006	特丁硫磷颗粒剂 Terbufod granules	规定了特丁硫磷颗粒剂的技术要求［特丁硫磷质量分数≥3%、5%、10%、15%，水分≤2.5%，pH：5～8］，试验方法（气相色谱法）以及标志、标签、包装、贮运。适用于由特丁硫磷原药与适宜的助剂、包衣剂、着色剂和载体加工而成的特丁硫磷颗粒剂
44	GB 20677—2006	特丁硫磷原药 Terbufod technical	规定了特丁硫磷原药的技术要求［特丁硫磷质量分数≥86%，特丁硫醇≤0.1%，水分≤0.5%，酸度≤0.5%］，试验方法（气相色谱法）以及标志、标签、包装、贮运。适用于由特丁硫磷及其生产中产生的杂质质量组成的特丁硫磷原药
45	GB 20678—2006	溴敌隆原药 Bromadiolone technical	规定了溴敌隆原药的技术要求［溴敌隆质量分数≥97%，溴敌隆α（A/B）≤0.3%，pH：5～9］，试验方法（液相色谱法）以及标志、标签、包装、贮运。适用于由溴敌隆及其生产中产生的杂质质量组成的溴敌隆原药

· 25 ·

序号	标准编号（被替代标准号）	标准名称	应用范围和要求
46	GB 20679—2006	溴敌隆母药 Bromadiolone technical concentrates	规定了溴敌隆母药（固体、液体）的技术要求［溴敌隆质量分数≥0.5%，溴敌隆α（A/B）≤0.3%，固体：水分≤3%，pH：6～9，液体：水分：—%，pH：8～11］，试验方法（液相色谱法）以及标志、标签、包装、贮运。适用于由溴敌隆固体母药以及溴敌隆原药与适宜的助剂加工而成的溴敌隆原药与必要的助剂溶解在适宜的有机溶剂中加工而成的溴敌隆液体母药
47	GB 20680—2006	10%苯磺隆可湿性粉剂 10% Tribenuron-methyl wettable powders	规定了10%苯磺隆可湿性粉剂的技术要求［苯磺隆质量分数：$10^{+1}_{-0.2}$%，甲磺隆质量分数≥0.1%，水分≤3%，pH：8～10，悬浮率≥80%］，试验方法（液相色谱法）以及标志、标签、包装、贮运。适用于由苯磺隆原药、填料及适宜的助剂加工而成苯磺隆可湿性粉剂
48	GB 20681—2006	灭线磷原药 Ethoprphos technical	规定了灭线磷原药的技术要求［灭线磷质量分数≥90%，丙硫醇≤0.1%，水分≤0.5%，酸度≤0.5%］，试验方法（气相色谱法）以及标志、标签、包装、贮运。适用于由灭线磷原药生产中产生的杂质质组成的灭线磷原药
49	GB 20682—2006	杀扑磷原药 Methidathion technical	规定了杀扑磷原药的技术要求［杀扑磷质量分数≥95%，水分≤0.3%，酸度≤0.5%］，试验方法（气相色谱法）以及标志、标签、包装、贮运。适用于由杀扑磷及其生产中产生的杂质质组成的杀扑磷原药

序号	标准编号 （被替代标准号）	标准名称	应用范围和要求
50	GB 20683—2006	苯磺隆原药 Tribenuron-methyl technical	规定了苯磺隆原药的技术要求［苯磺隆质量分数≥95%，甲磺隆≤0.5%，水分≤0.4%，pH：3～7］，试验方法（液相色谱法）以及标志、标签、包装、贮运。适用于苯磺隆原药生产中产生的杂质组成的苯磺隆原药
51	GB 20684—2006	草甘膦水剂 Glyphosate aqueous solution	规定了草甘膦水剂的技术要求［草甘膦质量分数：标明值%×（0.95～1.10），甲醛≤10g/kg，pH：4～8.5］，试验方法［液相色谱法（仲裁法）、亚硝化（紫外分光光度法）、甲醛（分光光度法）］以及标志、标签、包装、贮运。适用于由草甘膦原药或草甘膦可溶性盐和水及适宜的助剂加工而成草甘膦水剂
52	GB 20685—2006	硫丹原药 Endosulfan technical	规定了硫丹原药的技术要求［硫丹质量分数≥96%，α/β值：1.8～2.3，硫丹醇≤1%，硫丹醚（仲裁法）≤0.5%，酸度≤0.1%］，试验方法［毛细管柱气相色谱法（仲裁法）、填充柱气相色谱法］以及标志、标签、包装、贮运。适用于由硫丹原药生产中产生的杂质组成的硫丹原药
53	GB 20686—2006	草甘膦可溶粉（粒）剂 Glyphosate water soluble powders (granules)	规定了草甘膦可溶粉（粒）剂的技术要求［草甘膦质量分数：标明值×（0.98～1.04）%，甲醛≤0.6g/kg，pH：3～8］，试验方法（同 GB 20684）以及标志、标签、包装、贮运。适用于由草甘膦原药或草甘膦可溶性盐、载体以及适宜的助剂加工而成草甘膦可溶粉（粒）剂
54	GB 20687—2006	溴鼠灵母药 Brodifacoum technical concentrate	规定了溴鼠灵母药的技术要求［溴鼠灵质量分数≥0.5%，顺、反异构体 α（A/B）：1～4，pH：7～11］，试验方法（液相色谱法）以及标志、标签、包装、贮运。适用于由溴鼠灵原药与必要的助剂溶解在适宜的有机溶剂中加工而成溴鼠灵母药

序号	标准编号（被替代标准号）	标准名称	应用范围和要求
55	GB 20690—2006	溴鼠灵原药 Brodifacoum technical material	规定了溴鼠灵原药的技术要求 [溴鼠灵质量分数≥95%，顺、反异构体 α（A/B）：1~4，干燥减量≤1%，pH：4~8]，试验方法（液相色谱法）以及标志、包装、贮运。适用于由溴鼠灵及其生产中产生的杂质组成的溴鼠灵原药
56	GB 20691—2006	乙草胺原药 Acetochlor technical	规定了乙草胺原药的技术要求 [乙草胺质量分数≥93%，2-氯-2'-甲基-6'-乙基替苯胺（简称伯酰胺）≤2%，水分≤0.3%，pH：3.5~7]，试验方法（气相色谱法）以及标志、包装、贮运。适用于由乙草胺及其生产中产生的杂质组成的乙草胺原药
57	GB 20692—2006	乙草胺乳油 Acetochlor emulsifiable concentrates	规定了乙草胺乳油的技术要求 [乙草胺质量分数、质量浓度：81.5$^{+2}_{-1}$%，900$^{+22}_{-11}$ g/L，50$^{+2}_{-1}$%，水分≤0.4%，pH：5~9]，试验方法（气相色谱法）以及标志、包装、贮运。适用于由乙草胺原药与适宜的乳化剂、溶剂配制成的乙草胺乳油
58	GB 20693—2006	甲氨基阿维菌素原药 Emamectin B$_1$ technical	规定了甲氨基阿维菌素原药的技术要求 [甲氨基阿维菌素质量分数≥79.1%，α（B$_{1a}$/B$_{1b}$）≥20，水分≤2%，pH：4~8]，试验方法（液相色谱法）以及标志、包装、贮运。适用于由甲氨基阿维菌素（盐）及其生产中产生的杂质组成的甲氨基阿维菌素原药

序号	标准编号 （被替代标准号）	标准名称	应用范围和要求
59	GB 20694—2006	甲氨基阿维菌素乳油 Emamectin B₁ emulsifiable concentrates	规定了甲氨基阿维菌素乳油的技术要求［甲氨基阿维菌素质量分数≥标示值，α（B₁ₐ/B₁ᵦ）≥20，水分≤0.8%，pH：4～7.5］，试验方法（液相色谱法）以及标志、包装、贮运。适用于由甲氨基阿维菌素原药与适宜的乳化剂、溶剂配制成的甲氨基阿维菌素乳油
60	GB 20695—2006	高效氯氟氰菊酯原药 Lambda-cyhalothrin technical	规定了高效氯氟氰菊酯原药的技术要求［高效氯氟氰菊酯质量分数≥95%，水分≤0.5%，酸度≤0.3%］，试验方法（仲裁法），气相色谱法［液相色谱法］以及标志、包装、贮运。适用于由高效氯氟氰菊酯及其生产中产生的杂质组成的高效氯氟氰菊酯原药
61	GB 20696—2006	高效氯氟氰菊酯乳油 Lambda-cyhalothrin emulsifiable concentrates	规定了高效氯氟氰菊酯乳油的技术要求［高效氯氟氰菊酯质量分数≥标示值%或 g/L，水分≤0.8%，pH：4～7］，试验方法［液相色谱法（仲裁法）、气相色谱法］以及标志、包装、贮运。适用于由高效氯氟氰菊酯及其生产中产生的杂质组成的高效氯氟氰菊酯原药
62	GB 20697—2006	13% 2甲4氯钠水剂 13% MCPA-Na aqueous solution	规定了2甲4氯钠水剂的技术要求［2甲4氯钠质量分数：13⁺⁰⁻⁵₋₀.₅%，游离酚（以4-氯邻甲酚计）≤0.5%，pH：8～11］，试验方法［2甲4氯钠（液相色谱法）、游离酚（分光光度法）］，检验规则及标志，包装运输和贮存。适用于由2甲4氯钠及生产中产生的杂质和水组成的13%2甲4氯钠水剂

序号	标准编号（被替代标准号）	标准名称	应用范围和要求
63	GB 20698—2006	56% 2甲4氯钠可溶粉剂 56% MCPA-Na water soluble powders	规定了2甲4氯钠可溶粉剂的技术要求 [2甲4氯钠质量分数：56±2%，游离酚（以4-氯邻甲酚计）≤2%，干燥减量≤8%，pH：7～10]，试验方法 [2甲4氯钠（液相色谱法），游离酚（分光光度法），检验规则及标志、包装运输和贮存。适用于由2甲4氯钠及生产中产生的杂质及填料组成的56%2甲4氯钠可溶粉剂
64	GB 20699—2006	代森锰锌原药 Mancozeb technical	规定了代森锰锌原药的技术要求 [代森锰锌质量分数≥88%，锰≥20%，2%（占代森锰锌实测含量），乙撑硫脲（ETU）≤0.3%，水分≤1.5%]，试验方法 [代森锰锌、锰及锌（化学方法），ETU（液相色谱法）] 以及标志、包装、贮运。适用于由代森锰锌及其生产中产生的杂质组成的代森锰锌原药
65	GB 20700—2006	代森锰锌可湿性粉剂 Mancozed wettable powders	规定了代森锰锌可湿性粉剂的技术要求 [代森锰锌质量分数≥80%、70%、50%，2%（占代森锰锌实测含量），锰≥20%，锌≤3%，水分≤3%，悬浮率≥60% [代森锰锌、锰及锌（化学方法），ETU（液相色谱法）] 以及标志、标签、包装、贮运。适用于由代森锰锌原药和适宜的助剂和填料加工成的代森锰锌可湿性粉剂
66	GB 20701—2006	三环唑可湿性粉剂 Tricyclazole wettable powders	规定了三环唑可湿性粉剂的技术要求 [三环唑质量分数≥75%、20%，水分≤2%，pH：6～8，悬浮率≥70%]，试验方法 [液相色谱法（仲裁法）、气相色谱法] 以及标志、标签、包装、贮运。适用于由三环唑原药、适宜的助剂和填料加工成的三环唑可湿性粉剂

序号	标准编号 （被替代标准号）	标准名称	应用范围和要求
67	GB 22167—2008	氟磺胺草醚原药 Fomesafen technical	规定了氟磺胺草醚原药的技术要求［氟磺胺草醚质量分数≥95%，丙酮不溶物≤0.5%，干燥减量≤1%，pH：3.5～6.0］，试验方法（液相色谱法）以及标志、标签、包装、贮运。适用于由氟磺胺草醚及其生产中产生的杂质组成的氟磺胺草醚原药
68	GB 22168—2008	吡嘧磺隆原药 Pyrazosulfuron-ethyl technical	规定了吡嘧磺隆原药的技术要求［吡嘧磺隆质量分数≥95%，二氯甲烷不溶物≤0.5%，干燥减量≤1.0%，pH：4～8］，试验方法（液相色谱法）以及标志、标签、包装、贮运。适用于由吡嘧磺隆生产中产生的杂质组成的吡嘧磺隆原药
69	GB 22169—2008	氟磺胺草醚水剂 Fomesafen aqueous solution	规定了氟磺胺草醚水剂的技术要求［氟磺胺草醚质量分数、水不溶物≤0.3%，质量浓度：22$^{+1.3}_{-1.3}$%，250$^{+15}_{-15}$g/L，25$^{+1.5}_{-1.5}$%，pH：6～9］，试验方法（液相色谱法）以及标志、标签、包装、贮运。适用于由氟磺胺草醚和水及适宜助剂组成的氟磺胺草醚水剂
70	GB 22170—2008	吡嘧磺隆可湿性粉剂 Pyrazosulfuron-ethyl wettable powders	规定了吡嘧磺隆可湿性粉剂的技术要求［吡嘧磺隆质量分数7.5±0.8%，10±1.0%，水分≤2%，悬浮率≥75%，pH：5～8］，试验方法（液相色谱法）以及标志、标签、包装、贮运。适用于由吡嘧磺隆原药、填料和水及适宜助剂组成的吡嘧磺隆可湿性粉剂
71	GB 22171—2008	多效唑可湿性粉剂 Paclobutrazol wettable powders	规定了15%多效唑可湿性粉剂的技术要求［多效唑质量分数：15±1%，水分≤2.0%，悬浮率≥75%，pH：6～10］，试验方法（液相色谱法）以及标志、标签、包装、贮运。适用于由多效唑原药、填料和及适宜助剂组成的多效唑可湿性粉剂

序号	标准编号 （被替代标准号）	标准名称	应用范围和要求
72	GB 22172—2008	多效唑原药 Paclobutrazol technical	规定了多效唑原药的技术要求 [多效唑质量分数≥95%，干燥减重≤0.5%，丙酮不溶物≤0.5%，pH：4～9]，试验方法 [液相色谱法（仲裁法），气相色谱法] 以及标志、标签、包装、贮运。适用于由多效唑原药和生产中产生的杂质组成的多效唑原药
73	GB 22173—2008	噁草酮原药 Oxadiazon technical	规定了噁草酮原药的技术要求 [噁草酮质量分数≥95%，水分≤0.5%，丙酮不溶物≤0.5%，酸度≤0.3%]，试验方法（气相色谱法）以及标志、标签、包装、贮运。适用于由噁草酮原药和生产中产生的杂质组成的噁草酮原药
74	GB 22174—2008	烯唑醇可湿性粉剂 Diniconazolel wettable powders	规定了烯唑醇可湿性粉剂的技术要求 [烯唑醇质量分数：12.5±0.7%，水分≤3%，悬浮率≥70，pH：7～11]，试验方法（液相色谱法）以及标志、标签、包装、贮运。适用于由烯唑醇原药与适宜助剂和填料加工成的烯唑醇可湿性粉剂
75	GB 22175—2008	烯唑醇原药 Diniconazolel technical	规定了烯唑醇原药的技术要求 [烯唑醇质量分数≥95%，丙酮不溶物≤0.5%，水分≤0.5%，pH：5～8]，试验方法（液相色谱法）以及标志、标签、包装、贮运。适用于由烯唑醇原药和生产中产生的杂质组成的烯唑醇原药
76	GB 22176—2008	二甲戊灵乳油 Pendimethalin emulsifiable concentrates	规定了二甲戊灵乳油的技术要求 [二甲戊灵质量分数，质量浓度：$33^{+1.7}_{-1.7}$%，—g/L，$33.5^{+2.0}_{-2.0}$%，330^{+20}_{-20}g/L，水分≤0.5%，pH：5～8]，试验方法（液相色谱法）以及标志、标签、包装、贮运。适用于由二甲戊灵原药与适宜的乳化剂、溶剂配制成的二甲戊灵乳油

序号	标准编号 （被替代标准号）	标准名称	应用范围和要求
77	GB 22177—2008	二甲戊灵原药 Pendimethalin technical	规定了二甲戊灵原药的技术要求[二甲戊灵质量分数≥95%，水分≤0.5%，丙酮不溶物≤0.5%，pH：4～8]，试验方法（液相色谱法）以及标志、标签、包装、贮运。适用于由二甲戊灵生产中产生的杂质组成的二甲戊灵原药
78	GB 22178—2008	噁草酮乳油 Oxadiazon emulsifiable concentrates	规定了噁草酮乳油的技术要求[噁草酮质量分数，质量浓度：$25.5^{+1.5}_{-1.5}$%，250^{+15}_{-15} g/L，$12.5^{+0.7}_{-0.7}$%，120^{+7}_{-7} g/L，水分≤0.5%，pH：4～7]，试验方法[气相色谱法]以及标志、标签、溶剂、包装、贮运。适用于由噁草酮原药与适宜的乳化剂、溶剂配制成的噁草酮乳油
79	HG 2168—1991	绿麦隆原药 Chlorotoluron technical	规定了绿麦隆原药的技术要求[绿麦隆质量分数≥95%、90%、80%，水分≤2%、2%、3%，或碱度≤0.1%、0.1%、0.2%，0.5%，试验方法[液相色谱法]以及标志、标签、包装、贮运。适用于绿麦隆原药
80	HG 2169—1991	绿麦隆可湿性粉剂 Chlorotoluron wettable powders	规定了绿麦隆可湿性粉剂的技术要求[绿麦隆质量分数≥25%，悬浮率≥50%]，试验方法（仲裁法）、薄层—紫外分光光度法，化学—薄层法[液相色谱法]以及标志、标签、包装、贮运。适用于由绿麦隆原药与表面活性剂、填充剂加工而成的绿麦隆可湿性粉剂

（续）

序号	标准编号（被替代标准号）	标准名称	应用范围和要求
81	HG 2199—1991	水胺硫磷乳油 Isocarbophos emulsifiable concentrates	规定了水胺硫磷乳油技术要求［水胺硫磷质量分数≥35%，水分≤0.5%，酸度≤0.3%］，试验方法（气相色谱法）以及标志、标签、包装、贮运。适用于由水胺硫磷原药与适宜的乳化剂和溶剂配制成的水胺硫磷乳油
82	HG 2200—1991	甲基异柳磷乳油 Isofenphos-methyl emulsifiable concentrates	规定了甲基异柳磷乳油的技术要求［甲基异柳磷质量分数≥35%，水分≤0.4%，酸度≤0.3%］，试验方法（气相色谱法）以及标志、标签、包装、贮运。适用于由甲基异柳磷原药与适宜的乳化剂和溶剂配制成的甲基异柳磷乳油
83	HG 2201—1991	扑草净原药 Prometryn technical	规定了扑草净原药的技术要求［扑草净净质量分数≥95%，90%、80%，加热减量≤2%、3%、4%］，试验方法（气相色谱法）以及标志、标签、包装、贮运。适用于扑草净原药
84	HG 2202—1991	扑草净可湿性粉剂 Prometryn wettable powders	规定了扑草净可湿性粉剂的技术要求［扑草净质量分数：40$^{+2}_{-1}$%，25$^{+1.5}_{-0.8}$%，悬浮率≥50%，pH：6～9］，试验方法（气相色谱法）以及标志、标签、包装、贮运。适用于由扑草净原药与填充剂、助剂加工而成的扑草净可湿性粉剂
85	HG 2204—1991	莠去津水悬浮剂（悬浮剂） Atrazine aqueous suspension concentrates	规定了莠去津水悬浮剂的技术要求［莠去津质量分数：38$^{+2}_{-1}$%，悬浮率≥90%，pH：6～9］，试验方法（气相色谱法）以及标志、标签、包装、贮运。适用于由莠去津原药与填充剂、助剂加工而成的莠去津悬浮剂

序号	标准编号 （被替代标准号）	标准名称	应用范围和要求
86	HG 2206—1991	甲霜灵原药 Metalaxyl technical	规定了甲霜灵原药的技术要求［甲霜灵质量分数≥90%、85%、80%，酸度≤一%，0.3%，一%］，试验方法（气相色谱法）以及标志、包装、贮运。适用于由 N−(2, 6−二甲苯基）氨基丙酸甲酯和甲氧基乙酰氯缩合而成的甲霜灵原药
87	HG 2207—1991	甲霜灵粉剂 Metalaxyl dustable powder	规定了甲霜灵粉剂的技术要求［甲霜灵质量分数：35$^{+2}_{-1}$%，水分≤4%，pH：5～8］，试验方法（气相色谱法）以及标志、包装、贮运。适用于甲霜灵原药经填料吸附、稀释加工制成的粉剂
88	HG 2208—1991	甲霜灵可湿性粉剂 Metalaxyl wettable powders	规定了甲霜灵可湿性粉剂的技术要求［甲霜灵质量分数：25$^{+2}_{-1}$%，悬浮率≥90%，pH：5～8］，试验方法（气相色谱法）以及标志、包装、贮运。适用于甲霜灵原药经填料吸附、稀释与助剂加工制成的可湿性粉剂
89	HG 2210—1991	哒嗪硫磷乳油 Pyridaphenthione emulsifiable concentrates	规定了哒嗪硫磷乳油的技术要求［哒嗪硫磷质量分数≥20%，水分≤0.5%，酸度≤0.2%］，试验方法以及标志、包装、贮运。适用于由哒嗪硫磷原药与适宜乳化剂和溶剂配制成的哒嗪硫磷乳油
90	HG 2211—2003 （HG 2211—1991）	乙酰甲胺磷原药 Acephate technical	规定了乙酰甲胺磷原药的技术要求［乙酰甲胺磷质量分数≥95%，乙酰胺≤0.3%，甲胺磷≤0.5%，酸度≤0.5%］，试验方法［乙酰甲胺磷、乙酰胺、甲胺磷（液相色谱法−仲裁法），乙酰胺（薄层−溴化测定法）］以及标志、标签、包装、贮运。适用于乙酰甲胺磷及其生产中产生的杂质组成的乙酰甲胺磷原药

序号	标准编号 (被替代标准号)	标准名称	应用范围和要求
91	HG 2212—2003 (HG 2212—1991)	乙酰甲胺磷乳油 Acephate emulsifiable concentrates	规定了乙酰甲胺磷乳油的技术要求［乙酰甲胺磷质量分数≥30%、40%，乙酰胺≤3%，甲胺磷≤0.8%、1%，水分≤0.6%，酸度≤0.5%］，试验方法［乙酰甲胺磷（液相色谱法—仲裁法），乙酰甲胺磷（薄层-溴化测定法）］以及标志、标签、包装、贮运。适用于由乙酰甲胺磷原药与乳化剂溶解在适宜的溶剂中配制成的乙酰甲胺磷乳油
92	HG 2213—1991	禾草丹原药 Thiobencarb technical	规定了禾草丹原药的技术要求［禾草丹质量分数≥93%、90%、85%，水分≤0.2%、0.2%、0.4%，酸度≤0.2%、0.4%、0.5%］，试验方法（气相色谱法）以及标志、标签、包装、贮运。适用于对氯苄、二乙胺、氧硫化碳合制而成的禾草丹原药
93	HG 2214—1991	50% 禾草丹乳油 50% Thiobencarb emulsifiable concentrates	规定了 50% 禾草丹乳油的技术要求［禾草丹质量分数 50^{+2}_{-1}%，水分≤0.5%，pH：3～6］，试验方法（气相色谱法）以及标志、标签、包装、贮运。适用于由禾草丹原药、乳化剂、溶剂组成的禾草丹乳油
94	HG 2215—1991	10% 禾草丹颗粒药 10% Thiobencarb granule	规定了 10% 禾草丹颗粒剂的技术要求［禾草丹质量分数 $10^{+0.8}_{-0.4}$%，水分≤3%，pH：6～9］，试验方法（气相色谱法）以及标志、标签、包装、贮运。适用于以挤压粒吸附法工艺加工制成的禾草丹颗粒剂
95	HG 2216—1991	莠去津原药 Atrazine technical	规定了莠去津原药的技术要求［莠去津质量分数≥92%、88%、85%，氯化钠≤2%、4%、5%］，试验方法（气相色谱法）以及标志、标签、包装、贮运。适用于莠去津原药

（续）

序号	标准编号（被替代标准号）	标准名称	应用范围和要求
96	HG 2217—1991	莠去津可湿性粉剂 Atrazine wettable powders	规定了莠去津可湿性粉剂的技术要求［莠去津质量分数：$48^{+2}_{-1}\%$，悬浮率≥60%，pH：6~9］，试验方法（气相色谱法）以及标志、标签、包装、贮运。适用于由莠去津原药与填充剂、助剂加工而成的莠去津可湿性粉剂
97	HG 2311—1992	乙烯利原药 Ethphon technical	规定了乙烯利原药的技术要求［乙烯利质量分数≥70%，酸度≤15%，20%] 以及标志、标签、包装、贮运。适用于由环氧乙烷和三氯氧磷合成亚磷酸酯，再酸解而制得乙烯利原药
98	HG 2312—1992	乙烯利水剂 Ethphon aqueous solution	规定了乙烯利水剂的技术要求［乙烯利质量分数≥40%，pH：0.7~3]，试验方法（气相色谱法）以及标志、标签、包装、贮运。适用于由环氧乙烷和三氯氧磷合成亚磷酸酯，并在高温下进行分子重排，再酸解而制得乙烯利原药经稀释后制得水剂
99	HG 2313—1992	增效磷乳油注2 Zengxiaolin emulsifiable concentrates	规定了增效磷乳油的技术要求［增效磷质量分数≥40%，水分≤0.4%，酸度≤0.05%]，试验方法（气相色谱法）以及标志、标签、包装、贮运。适用于由增效磷工业品与适宜的乳化剂和溶剂配制成的增效磷乳油
100	HG 2316—1992	硫磺悬浮剂 Sulfur aqueous suspension concentrates	规定了硫磺悬浮剂的技术要求（硫质量分数≥45%，50%，悬浮率≥92%，pH：5~9），试验方法（化学法）以及标志、标签、包装、贮运。适用于由硫磺、水、助剂加工而成的硫磺悬浮剂

序号	标准编号 （被替代标准号）	标准名称	应用范围和要求
101	HG 2317—1992	敌磺钠原药 Fenaminosulf technical	规定了敌磺钠原药的技术要求 [敌磺钠质量分数≥60%，水分≤30%]，试验方法（分光光度法）以及标志、包装、贮运。适用于由 4-N，N-二甲基苯胺、亚硫酸钠合成制得的敌磺钠原药
102	HG 2318—1992	敌磺钠湿粉（母药） Fenaminosulf (technical concentrate)	规定了敌磺钠母药的技术要求 [敌磺钠质量分数≥45%，水分≤23%，pH: 6～9]，试验方法（分光光度法）以及标志、包装、贮运。适用于由敌磺钠原药与填充剂加工而成的敌磺钠母药
103	HG 2319—1992	2，4-滴丁酯原药 2，4-D butylate technical	规定了 2，4-滴丁酯原药的技术要求 [2，4-滴丁酯质量分数≥82%，75%，65%，游离酚（以 2，4-二氯酚计）≤1.17x%，1.2x%，1.3x%，游离酸（以 2，4-滴丁酯酸计）≤1%，1.5%，3%，游离酚（以 2，4-二氯酚计）≤2.5%]，试验方法（气相色谱法）以及标志、包装、贮运。适用于以苯酚、氯气、一氯乙酸、标、氢氧化钠等为主要原料，经氯化、缩合、酯化（或先酯化后缩合）工艺合成的 2，4-滴丁酯原药
104	HG 2320—1992	2，4-滴丁酯乳油 2，4-D butylate emulsifiable concentrates	规定了 2，4-滴丁酯乳油的技术要求 [2，4-滴丁酯质量分数：57^{+2}_{-1}%，总酯≤72%，游离酸（以 2，4-二氯酚计）≤2%，游离酚（以 2，4-滴酸计）≤2.7%]，试验方法（气相色谱法）以及标志、包装、贮运。适用于由 2，4-滴丁酯原药与适宜的乳化剂和溶剂配制成的 2，4-滴丁酯乳油

（续）

序号	标准编号（被替代标准号）	标准名称	应用范围和要求
105	HG 2460.1—1993	五氯硝基苯原药 Quintozene technical	规定了五氯硝基苯原药的技术要求［五氯硝基苯质量分数≥95%、92%、88%，六氯苯≤1%、1.5%、3%，水分≤1%、1%、1.5%，酸度≤0.8%、1%、1%，试验方法（气相色谱法）以及标签、包装、贮运。适用于不同的工艺路线合成的五氯硝基苯原药
106	HG 2460.2—1993	五氯硝基苯粉剂 Quintozene dustable power	规定了五氯硝基苯粉剂的技术要求［五氯硝基苯质量分数≥40%，六氯苯≤1.5%，水分≤1.5%，pH 5～6］，试验方法（气相色谱法）以及标签、包装、贮运。适用于不同的工艺路线合成的五氯硝基苯原药和填料加工而成的粉状混合物
107	HG 2461—1993	胺菊酯原药 Tetramethrin technical	规定了胺菊酯原药的技术要求［胺菊酯质量分数≥92%、86%、80%，顺、反异构体比≤20/80、30/70、40/60，酸度≤0.2%、0.2%、0.3%］，试验方法（气相色谱法）、液相色谱法）以及标签、包装、贮运。适用于由胺醇和菊酰氯、氯甲基亚胺和菊酸钠合成工艺生产的胺菊酯原药
108	HG 2462.1—1993	甲基硫菌灵原药 Thiophanate-methyl technical	规定了甲基硫菌灵原药的技术要求［甲基硫菌灵质量分数≥95%、92%、85%，加热减量≤0.5%、1%、2%］，试验方法［液相色谱法（仲裁法）、薄层-紫外法］以及标签、包装、贮运。适用于甲基硫菌灵原药
109	HG 2462.2—1993	甲基硫菌灵可湿性粉剂 Thiophanate-methyl wettable powders	规定了甲基硫菌灵可湿性粉剂的技术要求［甲基硫菌灵质量分数≥50%、70%，悬浮率≥70%，pH: 6～9］，试验方法［液相色谱法（仲裁法）、薄层-紫外法］以及标签、包装、贮运。适用于甲基硫菌灵原药、助剂经加工而成的可湿性粉剂

序号	标准编号 （被替代标准号）	标准名称	应用范围和要求
110	HG 2463.1—1993	噻嗪酮原药 Buprofezin technical	规定了噻嗪酮原药的技术要求[噻嗪酮质量分数≥97%、95%、90%，酸度或碱度（气相色谱法）以及标志、包装、贮运，0.1%、0.2%、0.3%]，试验方法（气相色谱法）以及标志、包装、贮运。适用于由N-氯甲基-N-苯基-氨基甲酰氯和1-异丙基3-特丁基硫脲缩合制成的噻嗪酮原药
111	HG 2463.2—1993	25%噻嗪酮可湿性粉剂 25% Buprofezin wettable powders	规定了25%噻嗪酮可湿性粉剂的技术要求[噻嗪酮质量分数≥25%，悬浮率≥75%，水分≤2%，pH：6~10.5]，试验方法（气相色谱法）以及标志、包装、贮运。适用于由噻嗪酮原药与适宜助剂、填料加工制成的噻嗪酮可湿性粉剂
112	HG 2463.3—1993	噻嗪酮乳油 Buprofezin emulsifiable concentrates	规定了噻嗪酮乳油的技术要求[噻嗪酮质量分数≥20%，水分≤0.5%，酸度≤0.2%或碱度≤0.3%]，试验方法（气相色谱法）以及标志、包装、贮运。适用于由噻嗪酮原药与适宜的乳化剂、溶剂、助溶剂配制成的噻嗪酮乳油
113	HG 2464.1—1993	甲拌磷原药 Phorate technical	规定了甲拌磷原药的技术要求[甲拌磷质量分数≥90%、85%、80%，水分≤0.5%、1%、1%，酸度≤0.5%、1%、1%]，试验方法（气相色谱法）以及标志、包装、贮运。适用于由O,O-二乙基二硫代磷酸、乙硫醇、甲醛缩合而成的甲拌磷原药
114	HG 2464.2—1993	甲拌磷乳油 Phorate emulsifiable concentrates	规定了甲拌磷乳油的技术要求[甲拌磷质量分数≥55%，水分≤1%，酸度≤1%]，试验方法（气相色谱法）以及标志、包装、贮运。适用于甲拌磷原药与适宜的乳化剂和溶剂配制成的甲拌磷乳油

序号	标准编号 （被替代标准号）	标准名称	应用范围和要求
115	HG/T 2466—1993	农药乳化剂	规定了由表面活性剂和适当溶剂组成的农药乳化剂的技术要求［外观：淡黄色或红褐色黏稠液体，水分≤0.3%、0.4%、0.5%、1.5%，pH：6±1］，试验方法、检验规则、标志、包装、运输和贮存
116	HG 2610—1994 （HG 2—1460—1982）	2甲4氯钠（母药） MCPA-sodium (technical concentrate)	规定了2甲4氯钠母药的技术要求［2甲4氯钠质量分数（以干基计）≥56%，游离甲酚（以4-氯甲邻酚计）≤4.5%，干燥减量（分光光度法测定）≤9%］，试验方法［2甲4氯钠（气相色谱法），游离酚含量（分光光度法测定）］，检验规则及标志、包装运输和贮存。适用于以邻甲酚和一氯乙酸等为原料制得的2甲4氯钠母药
117	HG 2611—1994	灭多威原药 Methomyl technical	规定了灭多威原药的技术要求［灭多威质量分数≥98%、95%、90%，水分≤0.3%、1.5%、3%，pH：3～8］，试验方法（液相色谱法），检验规则及标志、包装、运输和贮存。适用于由灭多威及生产中产生的杂质组成的灭多威原药
118	HG 2612—1994	20%灭多威乳油 20% Methomyl emulsifiable concentrates	规定了20%灭多威乳油的技术要求［灭多威质量分数≥20%，水分≤1.5%，pH：3～8］，试验方法（液相色谱法）及标志、包装、运输和贮存要求。适用于由灭多威原药与乳化剂溶解在适宜的溶剂中配制成的乳油
119	HG 2615—1994	敌鼠钠盐（原药） Diphacinone sodium salt (technical)	规定了敌鼠钠盐原药的技术要求［敌鼠钠盐质量分数≥95%，90%、80%，水分≤1%、3%、5%］，试验方法（紫外分光光度法），检验规则及标志、包装、运输和贮存。适用于由偏二苯丙酮与邻苯二甲酸二甲酯反应而制得的敌鼠钠盐原药及其生产中产生的杂质来组成质

序号	标准编号 （被替代标准号）	标准名称	应用范围和要求
120	HG 2676—1995	4%赤霉素乳油（赤霉酸） 4% Gibberellic acid (GA) emulsifiable concentrates	规定了4%赤霉素乳油的技术要求［赤霉酸质量分数≥$4×10^4$μg/mL，水分≤5%，pH：2～4］，试验方法（荧光分光光度法）以及标志、包装、运输和贮存。适用于由赤霉素提取液，经浓缩结晶析出赤霉素原药后，留下的母液加乳化剂等配制成的杀虫乳油
121	HG 2800—1996	杀虫单原药 Thiosultap-monosodium technical	规定了杀虫单的技术要求［杀虫单质量分数≥98%、95%、90%，氯化钠≤1%、3%、5%，硫代硫酸钠≤0.5%、1%、1.5%，加热减量≤0.3%、1%、2%，pH：4～5.5］，试验方法（液相色谱法（仲裁法）、非水滴定法）及标志、标签、运输、贮存。适用于由杀虫单及其生产中产生的杂质组成的杀虫单原药
122	HG 2801—1996	溴氰菊酯乳油 Deltamethrin emulsifiable concentrates	规定了溴氰菊酯乳油的技术要求［溴氰菊酯质量分数≥2.8%，250g/L，水分≤0.5%，pH：4～5］，试验方法（液相色谱法（仲裁法）、化学法）以及标志、运输和贮存要求。适用于由溴氰菊酯原药与乳化剂溶解在适宜的溶剂中配制成的乳油
123	HG 2802—1996	哒螨灵原药 Pyridaben technical	规定了哒螨灵原药的技术要求［哒螨灵质量分数≥95%、85%，酸度≤0.2%、0.3%或碱度≤0.1%、0.2%，水分≤0.5%、1.5%］，试验方法［气相色谱法（仲裁法）、液相色谱法。适用于由哒螨灵其生产及其］以及标志、标签、包装、贮运。适用于由哒螨灵及其生产中产生的杂质组成的哒螨灵原药

（续）

序号	标准编号（被替代标准号）	标准名称	应用范围和要求
124	HG 2803—1996	15%哒螨灵乳油 15% Pyridaben emulsifiable concentrates	规定了哒螨灵乳油的技术要求［哒螨灵质量分数≥15%，水分≤0.5%，酸度≤0.3%或碱度≤0.1%］以及标志、包装、运输和贮存要求。试验方法（气相色谱法，液相色谱法（仲裁法）。适用于由哒螨灵原药与乳化剂溶解在适宜的溶剂中配制成的乳油。
125	HG 2804—1996	20%哒螨灵可湿性粉剂 20% Pyridaben wettable powders	规定了20%哒螨灵可湿性粉剂的技术要求［哒螨灵质量分数≥20%，悬浮率≥75%，pH：5～9，试验方法（气相色谱法，液相色谱法（仲裁法）］以及标志、包装、运输和贮存要求。适用于由哒螨灵原药、适宜的助剂和填料加工制成的哒螨灵可湿性粉剂。
126	HG 2844—1997	甲氰菊酯原药 Fenpropathrin technical	规定了甲氰菊酯原药的技术要求［甲氰菊酯质量分数≥90%，85%，水分≤0.3%，酸度≤0.2%］，试验方法（气相色谱法）以及标志、标签、包装、贮运。适用于由甲氰菊酯及其生产中产生的杂质组成的甲氰菊酯原药。
127	HG 2845—1997	甲氰菊酯乳油 Fenpropathrin emulsifiable concentrates	规定了甲氰菊酯乳油的技术要求［甲氰菊酯质量分数≥20%，10%，水分≤0.4%，酸度≤0.3%］，试验方法（气相色谱法）以及标志、标签、包装、运输和贮存要求。适用于由甲氰菊酯原药与乳化剂溶解在适宜的溶剂（或苯油）中配制成的甲氰菊酯乳油。
128	HG 2846—1997	三唑磷原药 Triazophos technical	规定了三唑磷原药的技术要求［三唑磷质量分数≥85%，75%，水分≤0.2，0.3%，酸度≤0.5%］，试验方法（气相色谱法）以及标志、标签、包装、贮运。适用于由三唑磷及其生产中产生的杂质组成的三唑磷原药。

（续）

序号	标准编号 （被替代标准号）	标准名称	应用范围和要求
129	HG 2847—1997	三唑磷乳油 Triazophos emulsifiable concentrates	规定了三唑磷乳油的技术要求［三唑磷质量分数≥40%、20%，水分≤0.4%，酸度≤0.5%］，试验方法（气相色谱法）以及标志、标签、包装、贮运。适用于由三唑磷原药（或苯油）与乳化剂溶解在适宜的溶剂中配制成的三唑磷乳油
130	HG 2848—1997	二氯喹啉酸原药 Quinclorac technical	规定了二氯喹啉酸原药的技术要求［二氯喹啉酸质量分数≥96%，90%，80%，干燥减量≤0.8%，1%，2%，pH：3～5.5］，试验方法（液相色谱法）以及标志、标签、包装、贮运。适用于由二氯喹啉酸及其生产中产生的杂质组成的二氯喹啉酸原药
131	HG 2849—1997	二氯喹啉酸可湿性粉剂 Quinclorac wettable powders	规定了二氯喹啉酸可湿性粉剂的技术要求［二氯喹啉酸质量分数：50$^{+2}_{-1}$%，25$^{+1}_{-2}$%，悬浮率≥70%，pH：3～6］，试验方法（液相色谱法）以及标志、标签、包装、贮运。适用于由二氯喹啉酸原药及助剂和填料加工制成的二氯喹啉酸可湿性粉剂
132	HG 2850—1997 （HG 9562—1988）	速灭威原药 Metolcarb technical	规定了速灭威原药的技术要求［速灭威质量分数≥98%，95%，90%，游离酚（以间甲酚计）≤0.1%，0.5%，1%，水分≤0.5%，0.5%，1%］，试验方法（气相色谱法、薄层定胺法［薄层法］、游离酚（仲裁法）］以及标志、标签、包装、贮运。适用于由速灭威及其生产中产生的杂质组成的速灭威原药

序号	标准编号（被替代标准号）	标准名称	应用范围和要求
133	HG 2851—1997 （HG 9564—1988）	20% 速灭威乳油 20% Metolcarb emulsifiable concentrates	规定了 20%速灭威乳油的技术要求 [速灭威质量分数≥20%，水分≤0.5%，酸度≤0.2%（仲裁法）]，试验方法 [薄层定胺法、气相色谱法] 以及标签、标志、包装、贮运。适用于由速灭威原药与乳化剂溶解在适宜的溶剂中配制成的 20% 速灭威乳油
134	HG 2852—1997 （HG 9563—1988）	25% 速灭威可湿性粉剂 25% Metolcarb wettable powders	规定了 25%速灭威可湿性粉剂的技术要求 [速灭威质量分数≥25%，悬浮率≥90%，pH：4～8]，试验方法 [薄层定胺法、气相色谱法（仲裁法）] 以及标签、标志、包装、贮运。适用于由速灭威原药、适宜的助剂和填料加工制成的25%速灭威可湿性粉剂
135	HG 2853—1997	异丙威原药 Isoprocarb technical	规定了异丙威原药的技术要求 [异丙威质量分数≥98%、95%、90%，游离酚（以邻异丙基苯酚计）＜0.1%、0.5%、1%，水分≤0.5%、0.5%、1%]，试验方法 [薄层定胺法、气相色谱法（仲裁法）] 以及标签、标志、包装、贮运。适用于由异丙威及其生产中产生的杂质组成的异丙威原药
136	HG 2854—1997 （HG 9560—1988）	20% 异丙威乳油 20% Isoprocarb emulsifiable concentrates	规定了 20%异丙威乳油的技术要求 [异丙威质量分数≥20%，水分≤0.5%，酸度≤0.2%]，试验方法 [薄层定胺法、气相色谱法（仲裁法）] 以及标签、标志、包装、贮运。适用于由异丙威原药与乳化剂溶解在适宜的溶剂中配制成的异丙威乳油
137	HG 2855—1997 （HG 436—1980）	磷化锌原药 Zinc phosphide technical	规定了磷化锌原药的技术要求 [磷化锌质量分数≥90%、80%] 以及标签、标志、包装、贮运。试验方法（化学法）适用于由磷化锌及其生产中产生的杂质组成的磷化锌原药

（续）

序号	标准编号 （被替代标准号）	标准名称	应用范围和要求
138	HG 2856—1997 （HG 9555—1988）	甲哌鎓原药 Mepiquat chloride technical	规定了甲哌鎓原药的技术要求 [甲哌鎓质量分数≥98%、96%，N-甲基哌啶盐酸盐≤0.5%、1.5%]，试验方法（化学法）以及标志、包装、贮运。适用于由甲哌鎓及其生产中产生的杂质质组成的甲哌鎓原药
139	HG 2857—1997 （HG 9554—1988）	250g/L 甲哌鎓水剂 250g/L Mepiquat chloride aqueous solution	规定了 250g/L 甲哌鎓水剂的技术要求 [甲哌鎓质量分数≥250g/L，有机氯化物（以 N-甲基氯化物酸盐计）≤110g/L，氯化钠≤6g/L，pH：6.5～7.5)，试验方法（电位滴定法、纸层析法及银量电位滴定法）以及标志、包装、贮运。适用于六氢吡啶与氯甲烷在缚酸剂存在下，一步合成 N，N-二甲基哌啶氯化物后而配制成的水剂
140	HG 2858—2000 （HG 2858—1997）	40% 多菌灵悬浮剂 40% Carbendazim aqueous suspension concentrates	规定了 40% 多菌灵悬浮剂的技术要求 [多菌灵质量分数≥40%，悬浮率≤90%，pH：5～8]，试验方法（液相色谱法）以及标志、包装、贮运。适用于由多菌灵原药，适宜的助剂和填料加工制成的多菌灵悬浮剂
141	HG 3283—2002 （HG 3283—1983）	矮壮素水剂 Chlormequat-chloride aqueous solution	规定了矮壮素水剂的技术要求 [矮壮素质量分数：50^{+2}_{-1}%，1，2-二氯乙烷、1，2-二氯乙烷≤0.5%，pH：3.5～7.5]，试验方法 [矮壮素（化学法）、1，2-二氯乙烷（气相色谱法）] 以及标志、标签、包装、贮运。适用于矮壮素原药与适当的助剂，水制得的矮壮素水剂

序号	标准编号 （被替代标准号）	标准名称	应用范围和要求
142	HG 3284—2000 （HG 3284—1979）	45%马拉硫磷乳油 45% Malathion emulsifiable concentrates	规定了45%马拉硫磷乳油的技术要求［马拉硫磷质量分数≥45%，水分≤0.3%，酸度≤0.5%］，试验方法（气相色谱法）以及标志、标签、包装、贮运。适用于由马拉硫磷原药与乳化剂溶解在适宜的溶剂中配制成的马拉硫磷乳油（苯油）
143	HG 3285—2002 （HG 3285—1981）	异稻瘟净原药 Iprobenfos technical	规定了异稻瘟净原药的技术要求［异稻瘟净质量分数≥90%，水分≤0.4%，酸度≤0.5%］，试验方法（气相色谱法）以及标志、标签、包装、贮运。适用于由异稻瘟净及其生产中产生的杂质组成的异稻瘟净原药
144	HG 3286—2002 （HG 3286—1981）	异稻瘟净乳油 Iprobenfos emulsifiable concentrates	规定了异稻瘟净乳油的技术要求［异稻瘟净质量分数≥40%，50%，水分≤0.4%，酸度≤0.5%］，试验方法（气相色谱法）以及标志、标签、包装、贮运。适用于由异稻瘟净原药与乳化剂溶解在适宜的溶剂中配制成的异稻瘟净乳油
145	HG 3287—2000 （HG 3287—1982）	马拉硫磷原药 Malathion technical	规定了马拉硫磷原药的技术要求［马拉硫磷质量分数≥95%，90%，85%，水分≤0.1%，0.2%，酸度≤0.5%］，试验方法（气相色谱法）以及标志、标签、包装、贮运。适用于由马拉硫磷及其生产中产生的杂质组成的马拉硫磷原药
146	HG 3288—2000 （HG 3288—1982）	代森锌原药 Zineb technical	规定了代森锌原药的技术要求［代森锌质量分数≥90%，85%，水分≤2%，pH：5～9］，试验方法（化学法）以及标志、标签、包装、贮运。适用于由代森锌及其生产中产生的杂质组成的代森锌原药

序号	标准编号 （被替代标准号）	标准名称	应用范围和要求
147	HG 3289—2000 （HG 3289—1982）	代森锌可湿性粉剂 Zineb wettable powders	规定了代森锌可湿性粉剂的技术要求[代森锌质量分数≥80%、65%，水分≤2%，悬浮率≥60%，pH：5～9]，试验方法（化学法）以及标志、包装、贮运。适用于由代森锌原药、适宜的助剂和填料加工制成的代森锌可湿性粉剂
148	HG 3290—2000 （HG 3290—1989）	多菌灵可湿性粉剂 Carbendazim wettable powders	规定了多菌灵可湿性粉剂的技术要求[多菌灵质量分数≥50%、25%，悬浮率≥60%，pH：5～8.5]，试验方法（液相色谱法）以及标志、包装、贮运。适用于由多菌灵原药、适宜的助剂和填料加工制成的多菌灵可湿性粉剂
149	HG 3291—2001 （HG 3291—1989）	丁草胺原药 Butachlor technical	规定了丁草胺原药的技术要求[丁草胺质量分数≥90%，2-氯-2′，6′-二乙基乙酰替苯胺（简称伯酰胺）≤2%，水分≤0.3%，酸度≤0.1%]，试验方法（气相色谱法）以及标志、包装、贮运。适用于由丁草胺及其生产中产生的杂质组成的丁草胺原药
150	HG 3292—2001 （HG 3292—1989）	丁草胺乳油 Butachlor emulsifiable concentrates	规定了丁草胺乳油的技术要求[丁草胺质量分数：60^{+2}_{-2}%、50^{+2}_{-2}%，水分≤0.4%，pH：5～8]，试验方法（气相色谱法）以及标志、包装、贮运。适用于由丁草胺原药与乳化剂溶解在适宜的溶剂中配制成的丁草胺乳油
151	HG 3293—2001 （HG 3293—1989）	三唑酮原药 Triadimefon technical	规定了三唑酮原药的技术要求[三唑酮质量分数≥95%，水分≤0.4%，对氯苯酚≤0.5%，酸度≤0.3%]，试验方法[三唑酮（气相色谱法）、对氯苯酚（液相色谱法）]以及标志、包装、贮运。适用于由三唑酮及其生产中产生的杂质组成的三唑酮原药

（续）

序号	标准编号 （被替代标准号）	标准名称	应用范围和要求
152	HG 3294—2001 （HG 3294—1989）	20% 三唑酮乳油 20% Triadimefon emulsifiable concentrates	规定了 20%三唑酮乳油的技术要求［三唑酮质量分数≥20%，对氯苯酚≤1%，水分≤0.1%，酸度≤0.4%］，试验方法［三唑酮（气相色谱法）、对氯苯酚（液相色谱法）以及标志、标签、包装、贮运。适用于由三唑酮原药与乳化剂溶解在适宜的溶剂中配制成的三唑酮乳油
153	HG 3295—2001 （HG 3295—1989）	三唑酮可湿性粉剂 Triadimefon wettable powders	规定了三唑酮可湿性粉剂的技术要求［三唑酮质量分数≥15%、25%，对氯苯酚≤0.1%、0.12%，悬浮率≥60%，pH：6～10.5］，试验方法［三唑酮（气相色谱法）、对氯苯酚（液相色谱法）］以及标志、标签、包装、贮运。适用于由三唑酮原药、适宜的助剂和填料加工制成的三唑酮可湿性粉剂
154	HG 3296—2001 （HG 3296—1989）	三乙膦酸铝原药 Fosetyl-aluminium technical	规定了三乙膦酸铝原药的技术要求［三乙膦酸铝质量分数≥95%、87%，亚磷酸盐（以亚磷酸铝计）≤1%，干燥减量≤1%、2%］，试验方法（化学法）以及标志、包装、贮运。适用于各种工艺生产的三乙膦酸铝原药
155	HG 3297—2001 （HG 3297—1989）	三乙膦酸铝可湿性粉剂 Fosetyl-aluminium wettable powders	规定了三乙膦酸铝可湿性粉剂的技术要求［三乙膦酸铝质量分数≥40%、80%，亚磷酸盐（以亚磷酸铝计）≤0.6%、1%，悬浮率≥80%，pH：2.5～5.5］，试验方法（化学法）以及标志、标签、包装、贮运。适用于由三乙膦酸铝原药、适宜的助剂和填料加工制成的三乙膦酸铝可湿性粉剂

· 49 ·

序号	标准编号 （被替代标准号）	标准名称	应用范围和要求
156	HG 3298—2002 （HG 3298—1990）	甲草胺原药 Alachlor technical	规定了甲草胺原药的技术要求 [甲草胺质量分数≥90%，N -（2，6 -二乙基）- N -氯乙酰胺（简称伯酰胺）≤3%，水分≤0.2%，酸度≤0.2%]，试验方法（气相色谱法）以及标志、标签、包装、贮运。适用于由甲草胺及其生产中产生的杂质组成甲草胺原药
157	HG 3299—2002 （HG 3299—1990）	甲草胺乳油 Alachlor emulsifiable concentrates	规定了甲草胺乳油的技术要求 [甲草胺质量分数：43$^{+2}_{-2}$%，pH：4～7.5，水分≤0.3%]，试验方法（气相色谱法）以及标志、标签、包装、贮运。适用于由甲草胺原药与乳化剂溶解在适宜的溶剂中配制成的甲草胺乳油
158	HG 3303—1990 （ZB G25 015—90）	三氯杀螨砜原药 Tetradifon technical	规定了三氯杀螨砜原药的技术要求 [三氯杀螨砜质量分数≥94%，90%，水分≤0.4%，0.5%，酸度≤0.1%]，试验方法（气相色谱法）以及标志、标签、包装、贮运。适用于由三氯杀螨砜及其生产中产生的杂质组成的三氯杀螨砜原药
159	HG 3304—2002 （HG 3304—1990）	稻瘟灵原药 Isoprothiolane technical	规定了稻瘟灵原药的技术要求 [稻瘟灵质量分数≥90%，水分≤0.2%，酸度≤0.2%]，试验方法（气相色谱法）以及标志、标签、包装、贮运。适用于由稻瘟灵及其生产中产生的杂质组成的稻瘟灵原药
160	HG 3305—2002 （HG 3305—1990）	稻瘟灵乳油 Isoprothiolane emulsifiable concentrates	规定了稻瘟灵乳油的技术要求 [稻瘟灵质量分数≥30%，40%，水分≤0.5%，酸度≤0.2%]，试验方法（气相色谱法）以及标志、标签、包装、贮运。适用于由稻瘟灵原药与乳化剂溶解在适宜的溶剂中配制成的稻瘟灵乳油

序号	标准编号 （被替代标准号）	标准名称	应用范围和要求
161	HG 3306—2000 （HG 3306—1990）	氧乐果原药 Omethoate technical	规定了氧乐果原药的技术要求［氧乐果质量分数≥92%、80%、70%，水分≤0.2%、0.3%、0.5%，酸度≤0.5%］，试验方法［薄层—溴化法（仲裁法）、液气相色谱法］以及标志、标签、包装、贮运。适用于由氧乐果及其生产中产生的杂质组成的氧乐果原药
162	HG 3307—2000 （HG 3307—1990）	40%氧乐果乳油 40% Omethoate emulsifiable concentrates	规定了氧乐果乳油的技术要求［氧乐果质量分数≥40%，水分≤0.4%，酸度≤0.5%］，试验方法（仲裁法）、液气相色谱法［薄层—溴化法］以及标志、标签、包装、贮运。适用于由氧乐果原药与适宜乳化剂、溶剂配制成的40%氧乐果乳油
163	HG 3310—1999	邻苯二胺[注3] o-Phenylenediamine	规定了邻苯二胺的技术要求［邻苯二胺质量分数≥99%，90%、88%，邻苯胺≤一、1%、1.6%，邻硝基苯胺≤一、0.1%，邻氯苯胺≤一、0.1%］，试验方法（气相色谱法）以及标志、标签、包装、贮运。适用于由邻硝基氯苯经氨化还原而制得的邻苯二胺以及通过进一步精制而制得的邻苯二胺
164	HG 3619—1999	仲丁威原药 Fenobucarb technical	规定了仲丁威原药的技术要求［仲丁威质量分数≥98%、95%、90%，邻仲丁基苯酚≤0.4%、0.5%，水分≤0.2%、0.3%、0.5%，酸度≤0.05%或碱度≤0.1%］，试验方法（液相色谱法）以及标志、标签、包装、贮运。适用于由仲丁威及其生产中产生的杂质组成的仲丁威原药

序号	标准编号（被替代标准号）	标准名称	应用范围和要求
165	HG 3620—1999	仲丁威乳油 Fenobucarb emulsifiable concentrates	规定了仲丁威乳油的技术要求［仲丁威质量分数≥80%、50%、20%，邻仲丁基酚≤0.5%，0.3%，水分≤0.5%，酸度≤0.05%或碱度≤0.05%］，试验方法（液相色谱法）以及标志、标签、包装、贮运。适用于由仲丁威原药与适宜的乳化剂、溶剂配制成的仲丁威乳油
166	HG 3621—1999	克百威原药 Carbofuran technical	规定了克百威原药的技术要求［克百威质量分数≥98%、96%、93%，呋喃酚≤0.2%，0.3%，0.4%，水分≤0.2%、0.4%，1%，酸度≤0.05%，0.05%，0.1%］，试验方法［克百威（液相色谱法）、呋喃酚（分光光度法）］以及标志、标签、包装、贮运。适用于由克百威及其生产中产生的杂质组成的克百威原药
167	HG 3622—1999	3%克百威颗粒剂 3% Carbofuran granules	规定了3%克百威颗粒剂的技术要求［克百威质量分数≥3%，水分≤1.5%，pH: 5~7.5］，试验方法（液相色谱法）以及标志、标签、包装、贮运。适用于由克百威原药及助剂载体用包衣法加工制成的颗粒剂
168	HG 3623—1999	三氯杀虫酯原药 Plifenate technical	规定了三氯杀虫酯原药的技术要求［三氯杀虫酯质量分数≥95%、90%，酸度≤0.2%］，试验方法（气相色谱法）以及标志、标签、包装、贮运。适用于由三氯杀虫酯及其生产中产生的杂质组成的三氯杀虫酯原药

序号	标准编号 （被替代标准号）	标准名称	应用范围和要求
169	HG 3624—1999	2，4-滴原药 2，4-D technical	规定了 2，4-滴原药的技术要求 [2，4-滴质量分数≥96%，游离酚（以 2，4-二氯苯酚计）≤0.3%，干燥减量≤1.5%]，试验方法（液相色谱法）以及标签、标志、包装、贮运。适用于由 2，4-滴及其生产中产生的杂质组成的 2，4-滴原药
170	HG 3625—1999	丙溴磷原药 Profenofos technical	规定了丙溴磷原药的技术要求 [丙溴磷质量分数≥89%，85%，80%，游离酚≤1%，2%，3%，水分≤0.2%，0.3%，0.3%]，试验方法（气相色谱法）以及标签、标志、包装、贮运。适用于由丙溴磷及其生产中产生的杂质组成的丙溴磷原药
171	HG 3626—1999	40%丙溴磷乳油 40% Profenofos emulsifiable concentrates	规定了 40%丙溴磷乳油的技术要求 [丙溴磷质量分数≥40%，水分≤0.4%，pH：3～7]，试验方法（气相色谱法）以及标签、标志、包装、贮运。适用于由丙溴磷原药与适宜的乳化剂、溶剂配制成的丙溴磷乳油
172	HG 3627—1999 （HG/T 2987—1988）	氯氰菊酯原药 Cypermethrin technical	规定了氯氰菊酯原药的技术要求 [氯氰菊酯质量分数≥95%，92%，90%，高效、低效异构体比≥0.6，水分≤0.1%，0.3%，0.5%，酸度≤0.1%，0.2%，0.3%]，试验方法（液相色谱法）以及标签、标志、包装、贮运。适用于由氯氰菊酯及其生产中产生的杂质组成的氯氰菊酯原药
173	HG 3628—1999 （HG/T 2987—1988）	氯氰菊酯乳油 Cypermethrin emulsifiable concentrates	规定了氯氰菊酯乳油的技术要求 [氯氰菊酯质量分数≥10%，5%，水分≤0.5%，pH：4～6]，试验方法（液相色谱法）以及标签、标志、包装、贮运。适用于由氯氰菊酯原药与适宜的乳化剂、溶剂配制成的氯氰菊酯乳油

序号	标准编号 （被替代标准号）	标准名称	应用范围和要求
174	HG 3629—1999	高效氯氰菊酯原药 Beta-cypermethrin technical	规定了高效氯氰菊酯原药的技术要求［高效氯氰菊酯质量分数≥99%、95%、92%，试验方法（液相色谱法）以及标志、包装、贮运、干燥减量≤0.1%、0.3%、0.5%，pH：4～6］。适用于由高效氯氰菊酯及其生产中产生的杂质组成的高效氯氰菊酯原药
175	HG 3630—1999	高效氯氰菊酯原药浓剂（母药） Beta-cypermethrin technical concentrate	规定了高效氯氰菊酯母药的技术要求［高效氯氰菊酯质量分数≥27%，水分≤0.3%，pH：4～6］，试验方法（液相色谱法）以及标志、包装、贮运。适用于由高效氯氰菊酯及其生产中产生的杂质组成的高效氯氰菊酯母药
176	HG 3631—1999	4.5%高效氯氰菊酯乳油 4.5% Beta-cypermethrin emulsifiable concentrates	规定了4.5%高效氯氰菊酯乳油的技术要求［高效氯氰菊酯质量分数≥4.5%，水分≤0.5%，pH：4～6］，试验方法（液相色谱法）以及标志、包装、贮运。适用于由高效氯氰菊酯原药与适宜的乳化剂、溶剂配制成的高效氯氰菊酯乳油
177	HG 3670—2000	吡虫啉原药 Imidacloprid technical	规定了吡虫啉原药的技术要求［吡虫啉质量分数≥98%、95%、85%，酸度≤0.5%或碱度≤0.2%，干燥减量≤0.5%、1%、1%］，试验方法（液相色谱法）以及标志、包装、贮运。适用于由吡虫啉及其生产中产生的杂质组成的吡虫啉原药
178	HG 3671—2000	吡虫啉可湿性粉剂 Imidacloprid wettable powders	规定了吡虫啉可湿性粉剂的技术要求［吡虫啉质量分数≥10%、25%，悬浮率≥70%，pH：6～10］，试验方法（液相色谱法）以及标志、包装、贮运。适用于由吡虫啉原药、适宜的助剂和填料加工制成的吡虫啉可湿性粉剂

序号	标准编号 （被替代标准号）	标准名称	应用范围和要求
179	HG 3672—2000	吡虫啉乳油 Imidacloprid emulsifiable concentrates	规定了吡虫啉乳油的技术要求［吡虫啉质量分数≥10%，5%，水分≤0.5%，pH：5～8］，试验方法（液相色谱法）以及标志、标签、包装、贮运。适用于由吡虫啉原药与适宜的乳化剂、溶剂配制成的吡虫啉乳油
180	HG 3699—2002	三氯杀螨醇原药 Dicofol technical	规定了三氯杀螨醇原药的技术要求［总有效成分（三氯杀螨醇＋邻，对-三氯杀螨醇）质量分数≥95%，90%，三氯杀螨醇/总有效成分≥84%，滴滴涕类杂质（DDTγ）≤0.1%，0.5%，水分≤0.05%，0.5%，酸度≤0.3%，0.5%］，试验方法（液相色谱法）以及标志、标签、包装、贮运。适用于由三氯杀螨醇及其生产中产生的杂质组成的三氯杀螨醇原药
181	HG 3700—2002	三氯杀螨醇乳油 Dicofol emulsifiable concentrates	规定了三氯杀螨醇乳油的技术要求［总有效成分质量分数（三氯杀螨醇＋邻，对-三氯杀螨醇）≥40%，20%，三氯杀螨醇/总有效成分≥84%，滴滴涕类杂质（DDTγ）≤0.2%，0.1%，pH：3～6，水分≤0.5%］，试验方法（液相色谱法）以及标志、标签、包装、贮运。适用于由三氯杀螨醇原药与适宜的乳化剂、溶剂配制成的三氯杀螨醇乳油
182	HG 3701—2002	氟乐灵原药 Trifluralin technical	规定了氟乐灵原药的技术要求［氟乐灵质量分数≥95%，N，N-二正丙基亚硝胺≤1mg/kg］，试验方法（气相色谱法）以及标志、标签、包装、贮运。适用于由氟乐灵及其生产中产生的杂质组成的氟乐灵原药

序号	标准编号 (被替代标准号)	标准名称	应用范围和要求
183	HG 3702—2002	氟乐灵乳油 Trifluralin emulsifiable concentrates	规定了氟乐灵乳油的技术要求［氟乐灵质量分数、质量浓度：$45.5^{+2}_{-1}\%$，480^{+20}_{-10} g/L，水分≤0.3%，pH：4～8］，试验方法（气相色谱法）以及标志、包装、贮运。适用于由氟乐灵原药与适宜的乳化剂、溶剂配制成的氟乐灵乳油
184	HG 3717—2003	氯嘧磺隆原药 Chlorimuron-ethyl technical	规定了氯嘧磺隆原药的技术要求［氯嘧磺隆质量分数≥95%，干燥减量≤0.5%，pH：2～6］，试验方法（液相色谱法）以及标志、包装、贮运。适用于由氯嘧磺隆及其生产中产生的杂质组成的氯嘧磺隆原药
185	HG 3718—2003	氯嘧磺隆可湿性粉剂 Chlorimuron-ethyl wettable powders	规定了氯嘧磺隆可湿性粉剂的技术要求［氯嘧磺隆质量分数：$10^{+1}_{-0.5}\%$，$20^{+1}_{-0.5}\%$，$25^{+1}_{-0.5}\%$，悬浮率≥80%，pH：5～9］，试验方法（液相色谱法）以及标志、包装、贮运。适用于由氯嘧磺隆原药、适宜的助剂和填料加工制成的氯嘧磺隆可湿性粉剂
186	HG 3719—2003	苯噻酰草胺原药 Mefenacet technical	规定了苯噻酰草胺原药的技术要求［苯噻酰草胺质量分数≥95%，干燥减量≤1%，pH：5～9］以及标志、包装、贮运。适用于由苯噻酰草胺及其生产中产生的杂质组成的苯噻酰草胺原药
187	HG 3720—2003	50%苯噻酰草胺可湿性粉剂 50% Mefenacet wettable powders	规定了50%苯噻酰草胺可湿性粉剂的技术要求［苯噻酰草胺质量分数：$50^{\pm2}\%$，水分≤2%，悬浮率≥75%，pH：6～10］，试验方法［液相色谱法、气相色谱法（仲裁法）］以及标志、包装、贮运。适用于由苯噻酰草胺原药、适宜的助剂和填料加工制成的苯噻酰草胺可湿性粉剂

序号	标准编号 （被替代标准号）	标准名称	应用范围和要求
188	HG 3754—2004	啶虫脒可湿性粉剂 Acetamiprid wettable powders	规定了啶虫脒可湿性粉剂的技术要求［啶虫脒质量分数≥标示值％，悬浮率≥90％，pH：6～9］，试验方法（液相色谱法）以及标志、标签、包装、贮运。适用于由啶虫脒原药、适宜的助剂和填料加工制成的啶虫脒可湿性粉剂
189	HG 3755—2004	啶虫脒原药 Acetamiprid technical	规定了啶虫脒原药的技术要求［啶虫脒质量分数≥96％，水分≤0.5％，pH：4～7，水分≤0.5％］，试验方法（液相色谱法）以及标志、标签、包装、贮运。适用于由啶虫脒原药生产中产生的杂质组成的啶虫脒原药
190	HG 3756—2004	啶虫脒乳油 Acetamiprid emulsifiable concentrates	规定了啶虫脒乳油的技术要求［啶虫脒质量分数≥标示值％，水分≤0.5％，pH：5～7］，试验方法（液相色谱法）以及标志、标签、包装、贮运。适用于由啶虫脒原药及其生产中产生的杂质组、适宜的乳化剂、溶剂配制成的啶虫脒乳油
191	HG 3757—2004	福美双原药 Thiram technical	规定了福美双原药的技术要求［福美双质量分数≥95％，水分≤1.5％，pH：6～8］，试验方法（液相色谱法）以及标志、标签、包装、贮运。适用于由福美双及其生产中产生的杂质组成的福美双原药
192	HG 3758—2004	福美双可湿性粉剂 Thiram wettable powders	规定了福美双可湿性粉剂的技术要求［福美双质量分数≥50％，80％，水分≤2.5％，悬浮率≥60％，pH：6～9］，试验方法（液相色谱法）以及标志、标签、包装、贮运。适用于由福美双原药、适宜的助剂和填料加工制成的福美双可湿性粉剂

序号	标准编号（被替代标准号）	标准名称	应用范围和要求
193	HG 3759—2004	喹禾灵原药 Quizalofop-ethyl technical	规定了喹禾灵原药的技术要求 [喹禾灵质量分数≥95%，水分≤0.5%，pH：5～7]，试验方法（气相色谱法）以及标志、标签、包装、贮运。适用于由喹禾灵及其生产中产生的杂质组成的喹禾灵原药
194	HG 3760—2004	喹禾灵乳油 Quizalofop-ethyl emulsifiable concentrates	规定了喹禾灵乳油的技术要求 [喹禾灵质量分数：$10^{+1}_{-0.5}$%，水分≤0.5%，pH：5～7]，试验方法（气相色谱法）以及标志、标签、包装、贮运。适用于由喹禾灵原药与适宜的乳化剂、溶剂配制成的喹禾灵乳油
195	HG 3761—2004	精喹禾灵原药 Quizalofop-P-ethyl technical	规定了精喹禾灵原药的技术要求（精喹禾灵质量分数≥92%，水分≤0.5%，pH：5～7），试验方法（气相和液相色谱法）以及标志、标签、包装、贮运。适用于由精喹禾灵及其生产中产生的杂质组成的精喹禾灵原药
196	HG 3762—2004	精喹禾灵乳油 Quizalofop-P-ethyl emulsifiable concentrates	规定了精喹禾灵乳油的技术要求 [精喹禾灵质量分数≥$5^{+0.5}_{-0.4}$%，$8.8^{+0.9}_{-0.4}$，$10^{+1}_{-0.5}$%，R-对映体比≥90%，水分≤0.5%，pH：5～7]，试验方法（气相色谱法）以及标志、标签、包装、贮运。适用于由精喹禾灵原药与适宜的乳化剂、溶剂配制成的精喹禾灵乳油
197	HG 3763—2004	腈菌唑乳油 Myclobutanil emulsifiable concentrates	规定了腈菌唑乳油的技术要求 [腈菌唑质量分数≥标示值%，水分≤0.3%，pH：5～7]，试验方法（液相色谱法）以及标志、标签、包装、贮运。适用于由腈菌唑原药与适宜的乳化剂、溶剂配制成的腈菌唑乳油

（续）

序号	标准编号（被替代标准号）	标准名称	应用范围和要求
198	HG 3764—2004	腈菌唑原药 Myclobutanil technical	规定了腈菌唑原药的技术要求［腈菌唑质量分数≥90%，水分≤0.4%，酸度≤0.2%］，试验方法（液相色谱法）以及标志、标签、包装、贮运。适用于由腈菌唑及其生产中产生的杂质组成的腈菌唑原药
199	HG 3765—2004	炔螨特原药 Propargite technical	规定了炔螨特原药的技术要求［炔螨特质量分数≥90%，水分≤0.4%，酸度≤0.3%］，试验方法（液相色谱法）、气相色谱法）以及标志、标签、包装、贮运。适用于由炔螨特及其生产中产生的杂质组成的炔螨特原药
200	HG 3766—2004	炔螨特乳油 Propargite emulsifiable concentrates	规定了炔螨特乳油的技术要求［炔螨特质量分数≥标示值%，水分≤0.4%，pH：5～8］，试验方法（液相色谱法）以及标志、标签、包装、贮运。适用于由炔螨特原药与适宜的乳化剂、溶剂配制成的炔螨特乳油
201	LY/T 1645—2005	日用樟脑 Domesic camphor	规定了日用樟脑的外观、性状、嗅觉感、要求［樟脑质量分数≥92%，异龙脑≤2%，不挥发物≤1%，功能添加剂≤5%，密度ρ_{23}：0.872～0.982g/cm^3，气味：樟木或添加剂香料的香气］，试验方法（气相色谱法）、功能添加剂、形状、大小、包装、标志、贮运、安全及卫生（空气中樟脑蒸气量>3mg/cm^{3}时，会刺激人体神经系统）。适用于以合成樟脑或天然樟脑为基本原料制得的各种不同形状的日用樟脑

· 59 ·

序号	标准编号 （被替代标准号）	标准名称	应用范围和要求
202	NY 618—2002	多·福悬浮种衣剂 Carbendazim and thiram suspension concentrates for seed dressing	规定了多·福悬浮种衣剂的技术要求 [多菌灵质量分数≥标明值%，福美双质量分数≥标明值%，悬浮率≥90%]，试验方法（液相色谱法）以及标志、标签、包装、贮运。适用于多·福悬浮种衣剂
203	NY 619—2002	福·克悬浮种衣剂 Thiram and carbofuran suspension concentrates for seed dressing	规定了福·克悬浮种衣剂的技术要求 [福美双质量分数≥标明值%，克百威质量分数≥标明值%，悬浮率≥90%，pH: 5～7]，试验方法（液相色谱法）以及标志、标签、包装、贮运。适用于福·克悬浮种衣剂
204	NY 620—2002	多·克悬浮种衣剂 Carbendazim and carbofuran suspension concentrates for seed dressing	规定了多·克悬浮种衣剂的技术要求 [多菌灵质量分数≥标明值%，克百威质量分数≥标明值%，悬浮率≥90%，pH: 5～7]，试验方法（液相色谱法）以及标志、标签、包装、贮运。适用于多·克悬浮种衣剂
205	NY 621—2002	多·福·克悬浮种衣剂 Carbendazim, thiram and carbofuran suspension concentrates for seed dressing	规定了多·福·克悬浮种衣剂的技术要求 [多菌灵质量分数≥标明值%，福美双质量分数≥标明值%，克百威质量分数≥标明值%，悬浮率≥90%]，试验方法（液相色谱法）以及标志、标签、包装、贮运。适用于多·福·克悬浮种衣剂
206	NY 622—2002	甲·克悬浮种衣剂 Phorate and carbofuran suspension concentrates for seed dressing	规定了甲·克悬浮种衣剂的技术要求 [甲拌磷质量分数≥标明值%，克百威质量分数≥标明值%，悬浮率≥90%，pH: 5～7]，试验方法（液相色谱法）以及标志、标签、包装、贮运。适用于甲·克悬浮种衣剂

序号	标准编号 （被替代标准号）	标准名称	应用范围和要求
207	NY/T 1157—2006	农药残留检测专用丁酰胆碱酯酶 Butylcholinesterase for the rapid bioassay of pesticide residues	规定了农药残留检测专用丁酰胆碱酯酶的要求［外观，比活力≥0.5U/mg蛋白，△A₄₁₂≥0.60，定性：SDS-聚丙烯酰胺凝胶电泳在90kD处有一明显条带，Km＝0.104，布比卡对酶活性抑制率＜30%），稳定性（-18°保存一年，活力损失＜30%），敏感性（检测浓度mg/L：克百威≤1.0，敌敌畏≤0.1，甲胺磷≤2.0，氧乐果≤2.0，灭多威≤1.0）］，实验方法，检验规则，标志，包装，运输和贮存。适用于蔬菜、水果类农产品中有机磷和氨基甲酸酯类农药的残留快速检测
208	NY/T 1166—2006	生物防治用赤眼蜂 Trichogramma for biological control	规定了赤眼蜂工厂化生产的定义（27条），生产规程和产品检验方法。适用于以柞蚕卵为中间寄主卵的松毛虫赤眼蜂工厂化生产和产品检验

注：1. 目前已禁用农药产品标准未收录在内；

2. 农药增效剂产品标准；

3. 农药中间体产品标准

三、方法标准

（一）产品质量控制项目测定方法

序号	标准编号 （被替代标准号）	标准名称	应用范围和要求
1	GB/T 1600—2001 （GB/T 1600—1989）	农药水分测定方法 Testing method of water in pesticides	规定了农药水分的测定方法。适用于农药原药及其加工制剂中水分的测定
2	GB/T 1601—1993 （GB 1601—83）	农药 pH 值的测定方法 Determination method of pH value for pesticides	规定了农药 pH 的测定方法。适用于农药原药、粉剂、可湿性粉剂、乳油等的水分散液（或水溶液）的 pH 的测定
3	GB/T 1602—2001 （GB/T 1602—1989）	农药熔点测定方法 Testing method of melting point for pesticides	规定了固体农药熔点的测定方法。适用于固体农药原药及固体农药标准样品熔点的测定
4	GB/T 1603—2001 （GB/T 1603—1988）	农药乳液稳定性测定方法 Determination method of emulsion stability for pesticide	规定了农药产品乳液稳定性的测定方法。适用于农药乳油、水乳剂和微乳剂等制剂乳液稳定性的测定
5	GB/T 5451—2001 （GB/T 5451—1985）	农药可湿性粉剂润湿性测定方法 Testing method for the wettability of dispersible powders of pesticides	规定了农药可湿性粉剂润湿性的测定方法。适用于农药可湿性粉剂润湿性的测定
6	GB/T 14449—2008 （GB/T 14449—1993）	气雾剂产品测试方法 Test method for aerosol products	规定了气雾剂产品的基本测试方法（内压、喷出雾燃烧性、内容物稳定性、容器耐贮性、喷程、喷角、雾粒粒径及其分布、喷出速率、一次喷量、喷出总量、净质量、净容量、泄漏量、充填率）。适用于容量小于 1L 的气雾剂产品的测试

序号	标准编号 （被替代标准号）	标准名称	应用范围和要求
7	GB/T 14825—2006 （GB/T 14825—1993）	农药悬浮率测定方法 Determination method of suspensibility for pesticides	规定了5种测定农药悬浮率的方法。分别适用于可湿性粉剂、悬浮剂、水分散粒剂（常规和简易测定方法）及种衣剂悬浮率的测定
8	GB/T 16150—1995	农药粉剂、可湿性粉剂细度测定方法 Seive test for dustable and wettable powders of pesticides	规定了农药产品细度的测定方法。适用于农药粉剂、可湿性粉剂细度的测定
9	GB/T 19136—2003	农药热贮稳定性测定方法 Testing method for the storage stability at elevated temperature of pesticides	规定了农药热贮稳定性的测定方法。适用于农药热贮稳定性的测定
10	GB/T 19137—2003	农药低温稳定性测定方法 Testing method for the storage stability at low temperature of pesticides	规定了农药液体制剂低温稳定性测定方法。适用于农药液体制剂低温稳定性的测定
11	GB/T 19138—2003	农药丙酮不溶物测定方法 Testing method of in acetone material insoluble for pesticides	适用于农药原药产品中丙酮不溶物的测定
12	NY/T 1427—2007	农药常温贮存稳定性试验通则 Guidelines for testing stability of pesticides at ambient temprature	规定了农药常温贮存稳定性试验方法[连续3批产品，对贮存初始，第3、6、12、24个月五个时间点，测试外观、有效成分、相关杂质、分解产物（分解率>5%）和物理技术指标，还应观察包装物外观]，试验报告编写以及产品保质期的基本要求。适用于为申请农药制剂登记而进行的常温贮存稳定性试验

序号	标准编号 （被替代标准号）	标准名称	应用范围和要求
13	NY/T 1454—2007	生物农药中印楝素的测定 Determination of total azadirachtins in biopesticide	规定了生物农药中印楝素含量的分光光度测定方法。 适用于生物农药中印楝素及其异构体总量的测定。方法检出限：0.5μg/ml，线性范围：40～200μg
14	NY/T 1502—2007	生物农药中辣椒碱总量的测定 Determination of total capsaicinoid in the biopesticide	规定了生物农药中辣椒碱总量的分光光度测定方法。 适用于生物农药中以辣椒为原料生产的生物农药和其他酰胺类化合物）复配农药中辣椒碱的测定。方法检出限：0.5mg/L，线性范围：1～16mg/L
（二）药效试验及评价方法			
1	GB 13917.1 （即将发布） (GB 13917.1—92， GB/T 17322.1—1998)	农药登记用卫生杀虫剂室内药效试验及评价 第1部分：喷射剂 Laboratory efficacy test methods and criterions of public health insecticides for pesticide registration Part 1: Spray fluid	规定了喷射剂的室内药效测定方法及评价标准。适用于喷射剂和经用水或油稀释后使用的卫生杀虫剂产品在农药登记时对卫生害虫蚊、蝇、蜚蠊、蚂蚁、跳蚤进行直接喷雾或滞留喷洒的药效测定及评价
2	GB 13917.2 （即将发布） (GB 13917.2—92， GB/T 17322.2—1998)	农药登记用卫生杀虫剂室内药效试验及评价 第2部分：气雾剂 Laboratory efficacy test methods and criterions of public health insecticides for pesticide registration Part 2: Aerosol	规定了气雾剂的室内药效测定方法及评价标准。适用于气雾剂在农药登记时对卫生害虫蚊、蝇、蜚蠊进行直接喷雾的药效测定及评价

序号	标准编号 （被替代标准号）	标准名称	应用范围和要求
3	GB 13917.3 （即将发布） （GB 13917.3—92， GB/T 17322.3—1998）	农药登记用卫生杀虫剂室内药效试验及评价　第 3 部分：烟剂及烟片 Laboratory efficacy test methods and criterions of public health insecticides for pesticide registration Part 3: Smoke generator and smoke tablet	规定了烟剂及烟片的室内药效测定方法及评价标准。适用于烟剂及烟片在农药登记时对卫生害虫蚊、蝇、蜚蠊进行烟雾处理的药效测定及评价
4	GB 13917.4 （即将发布） （GB 13917.4—92， GB/T 17322.4—1998）	农药登记用卫生杀虫剂室内药效试验及评价　第 4 部分：蚊香 Laboratory efficacy test methods and criterions of public health insecticides for pesticide registration Part 4: Mosquito coil	规定了蚊香的室内药效测定方法及评价标准。适用于蚊香在农药登记时对蚊进行熏杀处理的药效测定及评价
5	GB 13917.5 （即将发布） （GB 13917.5—92， GB/T 17322.5—1998）	农药登记用卫生杀虫剂室内药效试验及评价　第 5 部分：电热蚊香片 Laboratory efficacy test methods and criterions of public health insecticides for pesticide registration Part 5: Vaporizing mat	规定了电热蚊香片的室内药效测定方法及评价。适用于电热蚊香片在农药登记时对蚊进行熏杀处理的药效测定及评价

（续）

序号	标准编号 （被替代标准号）	标准名称	应用范围和要求
6	GB 13917.6 （即将发布） （GB 13917.6—92， GB/T 17322.6—1998）	农药登记用卫生杀虫剂室内药效试验及评价 第 6 部分：电热蚊香液 Laboratory efficacy test methods and criterions of public health insecticides for pesticide registration Part 6: Liquid vaporizer	规定了电热蚊香液的室内药效测定方法及评价标准。适用于电热蚊香液在农药登记时对蚊进行熏杀处理的药效测定及评价
7	GB 13917.7 （即将发布） （GB 13917.7—92， GB/T 17322.8—1998）	农药登记用卫生杀虫剂室内药效试验及评价 第 7 部分：饵剂 Laboratory efficacy test methods and criterions of public health insecticides for pesticide registration Part 7: Bait	规定了饵剂的室内药效测定方法及评价标准。适用于饵剂和昆虫生长调节剂类（IGR）的饵剂在农药登记时对蚊蝇进行诱杀处理的药效测定及评价
8	GB 13917.8 （即将发布） （GB/T 17322.9—1998）	农药登记用卫生杀虫剂室内药效试验及评价 第 8 部分：粉剂、笔剂 Laboratory efficacy test methods and criterions of public health insecticides for pesticide registration Part 8: Dustable powder and chalk	规定了粉剂和笔剂的室内药效测定方法及评价标准。适用于粉剂和笔剂在农药登记时对卫生害虫蟑螂、蚂蚁、跳蚤进行触杀处理的药效测定及评价

（续）

序号	标准编号 （被替代标准号）	标准名称	应用范围和要求
9	GB 13917.9 （即将发布） （GB/T 17322.10—1998）	农药登记用卫生杀虫剂室内药效试验及评价 第9部分：驱避剂 Laboratory efficacy test methods and criteria of public health insecticides for pesticide registration Part 9: Repellent	规定了驱避剂的室内药效测试方法及评价标准。适用于驱避剂在农药登记时对刺叮骚扰性卫生害虫蚊的驱避效果的药效测定及评价
10	GB 13917.10 （即将发布） （GB/T 13917.8—1992，GB/T 17322.11—1998）	农药登记用卫生杀虫剂室内药效试验及评价 第10部分：模拟现场 Laboratory efficacy test methods and criteria of public health insecticides for pesticide registration Part 10: Analogous site	规定了卫生用杀虫剂的模拟现场药效测定方法及评价标准。适用于卫生用杀虫剂在农药登记时对卫生害虫蚊、蝇、蜚蠊、蚂蚁等进行模拟现场的药效测定及评价
11	GB/T 17980.1—2000	农药 田间药效试验准则（一） 杀虫剂防治水稻鳞翅目钻蛀性害虫 Pesticide-Guidelines for the field efficacy trials（Ⅰ）Insecticides against borer pests of Lepidoptera on rice	规定了杀虫剂防治水稻鳞翅目钻蛀性害虫田间药效试验的方法和基本要求。适用于杀虫剂防治水稻钻蛀性害虫（白螟、三化螟、二化螟、大螟）的登记用田间药效试验及评价
12	GB/T 17980.2—2000	农药 田间药效试验准则（一） 杀虫剂防治稻纵卷叶螟 Pesticide-Guidelines for the field efficacy trials（Ⅰ）Insecticides against rice leafroller	规定了杀虫剂防治水稻稻纵卷叶螟虫田间药效试验的方法和基本要求。适用于杀虫剂防治水稻稻纵卷叶螟虫的登记用田间药效试验及药效评价和其他水稻卷叶螟

序号	标准编号 （被替代标准号）	标准名称	应用范围和要求
13	GB/T 17980.3—2000	农药 田间药效试验准则（一）杀虫剂防治水稻稻叶蝉 Pesticide-Guidelines for the field efficacy trials（Ⅰ）Insecticides against leafhopper on rice	规定了杀虫剂防治水稻稻叶蝉田间药效试验的方法和基本要求。适用于杀虫剂防治水稻二点黑尾叶蝉和黑尾叶蝉及其他叶蝉的登记用田间药效试验及药效评价
14	GB/T 17980.4—2000	农药 田间药效试验准则（一）杀虫剂防治水稻飞虱 Pesticide-Guidelines for the field efficacy trials（Ⅰ）Insecticides against planthopper on rice	规定了杀虫剂防治水稻稻飞虱田间药效试验的方法和基本要求。适用于杀虫剂防治水稻飞虱（褐飞虱、白背飞虱、灰飞虱及其他飞虱科害虫）的登记用田间药效试验及药效评价
15	GB/T 17980.5—2000	农药 田间药效试验准则（一）杀虫剂防治棉铃虫 Pesticide-Guidelines for the field efficacy trials（Ⅰ）Insecticides against cotton bollworm on cotton	规定了杀虫剂防治棉花棉铃虫田间药效试验的方法和基本要求。适用于杀虫剂防治棉花棉铃虫的登记用田间药效试验及药效评价
16	GB/T 17980.6—2000	农药 田间药效试验准则（一）杀虫剂防治玉米螟 Pesticide-Guidelines for the field efficacy trials（Ⅰ）Insecticides against corn borerworm	规定了杀虫剂防治玉米螟田间药效试验的方法和基本要求。适用于杀虫剂防治玉米的玉米螟幼虫的登记用田间药效试验及药效评价

（续）

序号	标准编号 （被替代标准号）	标准名称	应用范围和要求
17	GB/T 17980.7—2000	农药 田间药效试验准则（一）杀螨剂防治苹果叶螨 Pesticide-Guidelines for the field efficacy trials（Ⅰ）Acaricides against spidermite on apple	规定了杀螨剂防治苹果树叶螨田间药效试验的方法和基本要求。适用于杀螨剂防治苹果树全爪螨的卵、幼、若螨和成螨，及小红苜螨和山楂叶螨或其他种类的害螨的登记用田间药效试验及药效评价
18	GB/T 17980.8—2000	农药 田间药效试验准则（一）治苹果小卷叶蛾 Pesticide-Guidelines for the field efficacy trials（Ⅰ）Insecticides against leaf minor on apple	规定了杀虫剂防治苹果小卷叶蛾田间药效试验的方法和基本要求。适用于杀虫剂防治苹果果树小叶蛾的登记用田间药效试验及药效评价
19	GB/T 17980.9—2000	农药 田间药效试验准则（一）治果树蚜虫 Pesticide-Guidelines for the field efficacy trials（Ⅰ）Insecticides against aphids on orchard	规定了杀虫剂防治果树蚜虫田间药效试验的方法和基本要求。适用于杀虫剂防治乔木、灌木及藤本果树无翅蚜（苹果蚜、苹果瘤蚜、桃蚜、梨二叉蚜和锈线菊蚜等）的登记用田间药效试验及药效评价
20	GB/T 17980.10—2000	农药 田间药效试验准则（一）治梨木虱 Pesticide-Guidelines for the field efficacy trials（Ⅰ）Insecticides against suckers on pear	规定了杀虫剂防治梨木虱田间药效试验的方法和基本要求。适用于杀虫剂防治梨木虱、梨黄木虱的登记用田间药效试验及药效评价

序号	标准编号 （被替代标准号）	标准名称	应用范围和要求
21	GB/T 17980.11—2000	农药 田间药效试验准则（一）杀螨剂防治橘全爪螨 Pesticide-Guidelines for the field efficacy trials（Ⅰ）Acaricides against spidermites on citrus	规定了杀螨剂防治橘全爪螨田间药效试验的方法和基本要求。适用于杀螨剂防治橘全爪螨的登记用田间药效试验及药效评价
22	GB/T 17980.12—2000	农药 田间药效试验准则（一）杀虫剂防治柑橘介壳虫 Pesticide-Guidelines for the field efficacy trials（Ⅰ）Insecticides against scale insectes on citrus	规定了杀虫剂防治柑橘介壳虫田间药效试验的方法和基本要求。适用于杀虫剂防治柑橘介壳虫（盾蚧科的矢尖蚧、褐圆蚧、紫牡蛎蚧等和蜡蚧科的红蜡蚧、龟蜡蚧等）的登记用田间药效试验及药效评价
23	GB/T 17980.13—2000	农药 田间药效试验准则（一）杀虫剂防治十字花科蔬菜的鳞翅目幼虫 Pesticide-Guidelines for the field efficacy trials（Ⅰ）Insecticides against larvae of Lepidoptera on crucifer vegetable	规定了杀虫剂防治十字花科蔬菜的鳞翅目幼虫田间药效试验的方法和基本要求。适用于杀虫剂防治甘蓝、球茎甘蓝、孢子甘蓝等十字花科蔬菜的甘蓝夜蛾、菜蛾、大菜粉蝶、菜螟等鳞翅目幼虫的登记用田间药效试验及药效评价
24	GB/T 17980.14—2000	农药 田间药效试验准则（一）杀虫剂防治菜螟 Pesticide-Guidelines for the field efficacy trials（Ⅰ）Insecticides against cabbage webworm	规定了杀虫剂防治蔬菜菜螟田间药效试验的方法和基本要求。适用于杀虫剂防治甘蓝、大白菜、萝卜、花菜等蔬菜菜螟幼虫的登记用田间药效试验及药效评价

序号	标准编号 （被替代标准号）	标准名称	应用范围和要求
25	GB/T 17980.15—2000	农药 田间药效试验准则（一）杀虫剂防治马铃薯等作物蚜虫 Pesticide-Guidelines for the field efficacy trials（Ⅰ）Insecticides against aphids on potato, sugar beet and other vegetable	规定了杀虫剂防治马铃薯等作物蚜虫田间药效试验的方法和基本要求。适用于杀虫剂防治马铃薯（种用马铃薯除外）、甜菜、豌豆、蚕豆和其他蔬菜蚜虫（豆蚜、桃蚜、长管蚜、茄无网蚜、甘蓝蚜、瓜蚜、豌豆蚜、莴苣蚜等无翅蚜等）的登记用田间药效试验及药效评价
26	GB/T 17980.16—2000	农药 田间药效试验准则（一）杀虫剂防治温室白粉虱 Pesticide-Guidelines for the field efficacy trials（Ⅰ）Insecticides against greenhouse whitefly	规定了杀虫剂防治温室蔬菜及观赏植物白粉虱田间药效试验的方法和基本要求。适用于杀虫剂防治温室蔬菜（黄瓜、番茄、青椒等）及观赏植物（藿香蓟属、锦紫苏属、大戟属、天竺葵属等）白粉虱的登记用田间药效试验及药效评价
27	GB/T 17980.17—2000	农药 田间药效试验准则（一）杀螨剂防治豆类、蔬菜叶螨 Pesticide-Guidelines for the field efficacy trials（Ⅰ）Acaricides against spidermites on beans and vegetable	规定了杀螨剂防治豆类、蔬菜叶螨田间药效试验的方法和基本要求。适用于杀螨剂防治豆类、黄瓜和其他阔叶蔬菜上叶螨的登记用田间药效试验及药效评价
28	GB/T 17980.18—2000	农药 田间药效试验准则（一）杀虫剂防治十字花科蔬菜黄条跳甲 Pesticide-Guidelines for the field efficacy trials（Ⅰ）Insecticides against striped flea beetle on crucifer vegetable	规定了杀虫剂防治十字花科蔬菜黄条跳甲田间药效试验的方法和基本要求。适用于杀虫剂防治十字花科蔬菜黄条跳甲的登记用田间药效试验及药效评价

（续）

序号	标准编号 （被替代标准号）	标准名称	应用范围和要求
29	GB/T 17980.19—2000	农药 田间药效试验准则（一）杀菌剂防治水稻叶部病害 Pesticide-Guidelines for the field efficacy trials（Ⅰ）Fungicides against leaf diseases of rice	规定了杀菌剂防治水稻叶部病害田间药效试验的方法和基本要求。适用于杀菌剂防治水稻叶部稻瘟病、胡麻叶斑病、窄条叶斑病、白叶枯病的登记用田间药效试验及药效评价
30	GB/T 17980.20—2000	农药 田间药效试验准则（一）杀菌剂防治水稻纹枯病 Pesticide-Guidelines for the field efficacy trials（Ⅰ）Fungicides against sheath blight of rice	规定了杀菌剂防治水稻纹枯病田间药效试验的方法和基本要求。适用于杀菌剂防治立枯丝核菌引起的水稻纹枯病的登记用田间药效试验及药效评价
31	GB/T 17980.21—2000	农药 田间药效试验准则（一）杀菌剂防治禾谷类种传病害 Pesticide-Guidelines for the field efficacy trials（Ⅰ）Fungicides agianst seed-bonecereal fungi	规定了杀菌剂防治禾谷类种传病害田间药效试验的方法和基本要求。适用于杀菌剂防治小麦、大麦、燕麦、雪腐病、根腐病、黑穗病、杆黑粉病、雪腐病[腥、坚]传病害[散、坚]的登记用田间药效试验及药效评价腐叶枯病、网斑病]的登记用田间药效试验及药效评价
32	GB/T 17980.22—2000	农药 田间药效试验准则（一）杀菌剂防治禾谷类白粉病 Pesticide-Guidelines for the field efficacy trials（Ⅰ）Fungicides against cereal powdery mildew	规定了杀菌剂防治禾谷类白粉病田间药效试验的方法和基本要求。适用于杀菌剂防治禾谷类（冬小麦、春小麦等）白粉病的登记用田间药效试验及药效评价

（续）

序号	标准编号 （被替代标准号）	标准名称	应用范围和要求
33	GB/T 17980.23—2000	农药 田间药效试验准则（一）杀菌剂防治禾谷类锈病（叶锈、条锈、秆锈） Pesticide-Guidelines for the field efficacy trials（Ⅰ）Fungicides against cereal rust	规定了杀菌剂防治禾谷类锈病田间药效试验的方法和基本要求。适用于杀菌剂防治禾谷类（小麦、大麦和燕麦）锈病（条锈、叶锈、秆锈、燕麦冠锈）的登记用田间药效试验及药效评价
34	GB/T 17980.24—2000	农药 田间药效试验准则（一）杀菌剂防治梨果树黑星病 Pesticide-Guidelines for the field efficacy trials（Ⅰ）Fungicides against scab of pear	规定了杀菌剂防治梨黑星病田间药效试验的方法和基本要求。适用于杀菌剂防治梨树黑星病的登记用田间药效试验及药效评价
35	GB/T 17980.25—2000	农药 田间药效试验准则（一）杀菌剂防治苹果树枝疤病 Pesticide-Guidelines for the field efficacy trials（Ⅰ）Fungicides against apple tree eusopean canlcer	规定了杀菌剂防治苹果树枝疤病田间药效试验的方法和基本要求。适用于杀菌剂防治苹果树枝疤病的登记用田间药效试验及药效评价
36	GB/T 17980.26—2000	农药 田间药效试验准则（一）杀菌剂防治黄瓜霜霉病 Pesticide-Guidelines for the field efficacy trials（Ⅰ）Fungicides against downy mildew of cucumber	规定了杀菌剂防治黄瓜霜霉病田间药效试验的方法和基本要求。适用于杀菌剂防治黄瓜霜霉病的登记用田间药效试验及药效评价

序号	标准编号 （被替代标准号）	标准名称	应用范围和要求
37	GB/T 17980.27—2000	农药 田间药效试验准则（一）杀菌剂防治蔬菜叶斑病 Pesticide-Guidelines for the field efficacy trials（Ⅰ）Fungicides against leaf spot of vegetables	规定了杀菌剂防治蔬菜叶斑病田间药效试验的方法和基本要求。适用于杀菌剂防治蔬菜（芹菜、胡萝卜、甜菜、大葱、甘蓝、白菜、油菜）叶斑病（黑斑病、褐斑病、轮斑病、紫斑病、环斑病）的登记用田间药效试验及药效评价
38	GB/T 17980.28—2000	农药 田间药效试验准则（一）杀菌剂防治蔬菜灰霉病 Pesticide-Guidelines for the field efficacy trials（Ⅰ）Fungicides against grey mould of vegetables	规定了杀菌剂防治蔬菜灰霉病田间药效试验的方法和基本要求。适用于杀菌剂防治蔬菜（番茄、黄瓜、四季豆、豌豆及甜椒）灰霉病的登记用田间药效试验及药效评价
39	GB/T 17980.29—2000	农药 田间药效试验准则（一）杀菌剂防治蔬菜锈病 Pesticide-Guidelines for the field efficacy trials（Ⅰ）Fungicides against rust of vegetables	规定了杀菌剂防治蔬菜锈病田间药效试验的方法和基本要求。适用于杀菌剂防治蔬菜（菜豆、豇豆、大蒜、葱、芦笋、蚕豆）锈病的登记用田间药效试验及药效评价
40	GB/T 17980.30—2000	农药 田间药效试验准则（一）杀菌剂防治黄瓜白粉病 Pesticide-Guidelines for the field efficacy trials（Ⅰ）Fungicides against cucumber powdery mildew	规定了杀菌剂防治黄瓜白粉病田间药效试验的方法和基本要求。适用于杀菌剂防治黄瓜白粉病的登记用田间药效试验及药效评价

序号	标准编号 （被替代标准号）	标准名称	应用范围和要求
41	GB/T 17980.31—2000	农药 田间药效试验准则（一）杀菌剂防治番茄早疫病和晚疫病 Pesticide-Guidelines for the field efficacy trials（Ⅰ）Fungicides against early and late blight of tomato	规定了杀菌剂防治番茄早疫病和晚疫病田间药效试验的方法和基本要求。适用于杀菌剂防治番茄早疫病和晚疫病田间药效试验及药效评价
42	GB/T 17980.32—2000	农药 田间药效试验准则（一）杀菌剂防治辣椒疫病 Pesticide-Guidelines for the field efficacy trials（Ⅰ）Fungicides against pepper phytophthora blight	规定了杀菌剂防治辣椒疫病田间药效试验的方法和基本要求。适用于杀菌剂防治辣椒疫病的登记用田间药效试验及药效评价
43	GB/T 17980.33—2000	农药 田间药效试验准则（一）杀菌剂防治辣椒炭疽病 Pesticide-Guidelines for the field efficacy trials（Ⅰ）Fungicides against pepper anthracnose	规定了杀菌剂防治辣椒（包括甜椒）炭疽病田间药效试验的方法和基本要求。适用于杀菌剂防治辣椒炭疽病的登记用田间药效试验及药效评价
44	GB/T 17980.34—2000	农药 田间药效试验准则（一）杀菌剂防治马铃薯晚疫病 Pesticide-Guidelines for the field efficacy trials（Ⅰ）Fungicides against late blight of potato	规定了杀菌剂防治马铃薯晚疫病田间药效试验的方法和基本要求。适用于杀菌剂防治马铃薯晚疫病田间药效试验及药效评价

（续）

序号	标准编号 （被替代标准号）	标准名称	应用范围和要求
45	GB/T 17980.35—2000	农药 田间药效试验准则 （一）杀菌剂防治油菜菌核病 Pesticide-Guidelines for the field efficacy trials（I）Fungicides against sclerotinia stem rot of rape	规定了杀菌剂防治油菜菌核病田间药效试验的方法和基本要求。适用于杀菌剂防治油菜菌核病的登记用田间药效试验及药效评价
46	GB/T 17980.36—2000	农药 田间药效试验准则 （一）杀菌剂种子处理防治苗期病害 Pesticide-Guidelines for the field efficacy trials（I）Fungicides seed treatment against seedling diseases	规定了杀菌剂种子处理防治大田作物以及蔬菜类苗期病害田间药效试验的方法和基本要求。适用于杀菌剂种子处理防治大田作物（水稻、棉花等）及蔬菜类（辣椒、黄瓜等）苗期病害（猝倒病和立枯病等）登记用田间药效试验及药效评价
47	GB/T 17980.37—2000	农药 田间药效试验准则 （一）杀线虫剂防治胞囊线虫病 Pesticide-Guidelines for the field efficacy trials（I）Nematocides against cyst nematode disease	规定了杀菌剂防治马铃薯等和禾谷类作物胞囊线虫田间药效试验的方法和基本要求。适用于杀菌剂防治马铃薯、大豆、甜菜和禾谷类作物的胞囊线虫病登记用田间药效试验及药效评价
48	GB/T 17980.38—2000	农药 田间药效试验准则 （一）杀线虫剂防治根部线虫病 Pesticide-Guidelines for the field efficacy trials（I）Nematocides against root-knot nematode diease	规定了杀线虫剂防治根部线虫病田间药效试验的方法和基本要求。适用于杀线虫剂防治（花生、蔬菜、甘薯和果树）根部线虫病（根结线虫、茎线虫、短体线虫）登记用田间药效试验及药效评价

序号	标准编号 （被替代标准号）	标准名称	应用范围和要求
49	GB/T 17980.39—2000	农药 田间药效试验准则（一）杀菌剂防治柑橘贮藏病害 Pesticide-Guidelines for the field efficacy trials（Ⅰ）Fungicides against store disease of citrus	规定了杀菌剂防治柑橘贮藏病害田间药效试验的方法和基本要求。适用于杀菌剂防治仓库柑橘贮藏病害（青霉病、绿霉病、黑色腐病、褐色蒂腐病）登记用田间药效试验及药效评价
50	GB/T 17980.40—2000	农药 田间药效试验准则（一）除草剂防治水稻田杂草 Pesticide-Guidelines for the field efficacy trials（Ⅰ）Herbicides against weeds in rice	规定了除草剂防治水稻田杂草田间药效试验的方法和基本要求。适用于除草剂防治陆稻（旱播）田、移栽稻（常规移栽和抛秧）田、直播稻（水直播、旱播水管）田和秧田（旱育秧、水育秧）杂草的登记用田间药效试验和评价
51	GB/T 17980.41—2000	农药 田间药效试验准则（一）除草剂防治麦类作物地杂草 Pesticide-Guidelines for the field efficacy trials（Ⅰ）Herbicides against weeds in cereals	规定了除草剂防治麦类作物田杂草田间药效试验的方法和基本要求。适用于除草剂防治麦类作物（冬/春小麦、冬/春大麦、春燕麦、硬粒小麦等）田杂草的登记用田间药效试验和评价
52	GB/T 17980.42—2000	农药 田间药效试验准则（一）除草剂防治玉米地杂草 Pesticide-Guidelines for the field efficacy trials（Ⅰ）Herbicides against weeds in maize	规定了除草剂防治玉米田杂草田间药效试验的方法和基本要求。适用于除草剂防治夏玉米田和春玉米田杂草的登记用田间药效试验和评价

（续）

序号	标准编号 （被替代标准号）	标准名称	应用范围和要求
53	GB/T 17980.43—2000	农药 田间药效试验准则（一） 除草剂防治叶菜类作物地杂草 Pesticide-Guidelines for the field efficacy trials（Ⅰ）Herbicides against weeds in leafy vegetables	规定了除草剂防治叶菜类作物地杂草田间药效试验的方法和基本要求。适用于除草剂防治叶菜类的甘蓝类（孢子甘蓝、卷心菜、大白菜、花椰菜和花茎甘蓝）、菠菜、莴苣、芹菜等蔬菜田杂草的登记用田间药效试验和评价
54	GB/T 17980.44—2000	农药 田间药效试验准则（一） 除草剂防治果园杂草 Pesticide-Guidelines for the field efficacy trials（Ⅰ）Herbicides against weeds in orchards	规定了除草剂防治果园杂草田间药效试验的方法和基本要求。适用于除草剂防治果园 [苹果、梨、柑橘、桃、李、樱桃、杏、橄榄、扁桃、荔枝、龙眼及坚果（榛子、板栗）等] 杂草的登记用田间药效试验和评价
55	GB/T 17980.45—2000	农药 田间药效试验准则（一） 除草剂防治油菜类作物杂草 Pesticide-Guidelines for the field efficacy trials（Ⅰ）Herbicides against weeds in rapes	规定了除草剂防治油菜类作物田杂草田间药效试验的方法和基本要求。适用于除草剂防治秋/春播、移栽/直播油菜类作物（包括芸薹、芜菁、黑芥、芥菜等）田杂草的登记用田间药效试验和评价
56	GB/T 17980.46—2000	农药 田间药效试验准则（一） 除草剂防治露地果菜类作物地杂草 Pesticide-Guidelines for the field efficacy trials（Ⅰ）Herbicides against weeds in outdoor fruit vegetables	规定了除草剂防治露地果菜类作物田间药效试验的方法和基本要求。适用于除草剂防治露地果菜类作物（番茄、甜椒、茄子、黄瓜和其他葫芦科蔬菜等）田杂草的登记用田间药效试验和评价

序号	标准编号 （被替代标准号）	标准名称	应用范围和要求
57	GB/T 17980.47—2000	农药 田间药效试验准则（一）除草剂防治根菜类蔬菜田杂草 Pesticide-Guidelines for the field efficacy trials（Ⅰ）Herbicides against weeds in root vegetables	规定了除草剂防治根菜类蔬菜田杂草田间药效试验的方法和基本要求。适用于除草剂防治播种或覆膜的根菜类蔬菜（胡萝卜、红甜菜、人参、红萝卜、辣根、根芹菜、芜菁等）田等地杂草的登记用田间药效试验和评价
58	GB/T 17980.48—2000	农药 田间药效试验准则（一）除草剂防治林地杂草 Pesticide-Guidelines for the field efficacy trials（Ⅰ）Herbicides against weeds in forest	规定了以移栽前的化学整地、幼林抚育、间苗等五个目的的除草剂在林区防治杂草田间药效试验的方法和基本要求。适用于除草剂防治林业重要树种（橄榄树属、赤杨属、桦木属、及冷杉、鹅耳枥属、水青冈属、白蜡树属、栎属、柳属、落叶松、云杉、松、黄杉属等针叶树种）区杂草的登记用田间药效试验和评价
59	GB/T 17980.49—2000	农药 田间药效试验准则（一）除草剂防治甘蔗田杂草 Pesticide-Guidelines for the field efficacy trials（Ⅰ）Herbicides against weeds in sugarcane	规定了除草剂防治甘蔗田杂草田间药效试验的方法和基本要求。适用于除草剂防治春/秋植甘蔗田及甘蔗间种覆盖作物（如豆科）田杂草的登记用田间药效试验和评价
60	GB/T 17980.50—2000	农药 田间药效试验准则（一）除草剂防治甜菜地杂草 Pesticide-Guidelines for the field efficacy trials（Ⅰ）Herbicides against weeds in sugarbeet	规定了除草剂防治甜菜田杂草田间药效试验的方法和基本要求。适用于除草剂防治糖用或饲料用甜菜地杂草的登记用田间药效试验和评价

序号	标准编号 （被替代标准号）	标准名称	应用范围和要求
61	GB/T 17980.51—2000	农药 田间药效试验准则（一）除草剂防治非耕地杂草 Pesticide-Guidelines for the field efficacy trials（Ⅰ）Herbicides against weeds in no-crop field	规定了除草剂防治非耕地杂草田间药效试验的方法和基本要求。适用于除草剂防治非耕地（工业区、仓库、铁路、人行道及其他不希望生长杂草等地块）杂草的登记用田间药效试验和评价
62	GB/T 17980.52—2000	农药 田间药效试验准则（一）除草剂防治马铃薯地杂草 Pesticide-Guidelines for the field efficacy trials（Ⅰ）Herbicides against weeds in potato	规定了除草剂防治马铃薯田杂草田间药效试验的方法和基本要求。适用于除草剂防治用于马铃薯田杂草的登记用田间药效试验和评价
63	GB/T 17980.53—2000	农药 田间药效试验准则（一）除草剂防治轮作作物间杂草 Pesticide-Guidelines for the field efficacy trials（Ⅰ）Herbicides against weeds in rotational field	规定了除草剂防治轮作作物间杂草田间药效试验的方法和基本要求。适用于除草剂防治轮作作地、闲地播前杂草的登记用田间药效试验和评价，可耕地和休

序号	标准编号 （被替代标准号）	标准名称	应用范围和要求
64	GB/T 17980.54—2004	农药 田间药效试验准则（二）杀虫剂防治仓储害虫 Pesticide-Guidelines for the field efficacy trials（Ⅱ）Insecticides against storage pest	规定了杀虫剂防治仓储害虫田间药效试验的方法和基本要求。适用于熏蒸剂、保护剂防治存在于粮食、饲料、烟草、药材、竹木、皮革、布匹、图书、档案、干果、海味等储藏物及飞船、船舶、货柜、食品生产线和仓库等场所的仓储害虫（玉米象、米象、谷蠹、赤拟谷盗、杂拟谷盗、锯谷盗、米扁虫、长角扁谷盗、锈赤扁谷盗、土耳其扁谷盗、烟草甲、药材甲、绿豆象、豌豆象、蚕豆象、麦蛾、印度谷螟、烟草粉螟、毛衣鱼）的登记用田间药效试验及药效评价
65	GB/T 17980.55—2004	农药 田间药效试验准则（二）杀虫剂防治茶树茶尺蠖、茶毛虫 Pesticide-Guidelines for the field efficacy trials（Ⅱ）Insecticides against tea geometrid and tea caterpillar	规定了杀虫剂防治茶树茶尺蠖、茶毛虫田间药效试验的方法和基本要求。适用于杀虫剂防治茶树茶尺蠖、茶毛虫和其他尺蠖虫的登记用田间药效试验及药效评价
66	GB/T 17980.56—2004	农药 田间药效试验准则（二）杀虫剂防治茶树叶蝉 Pesticide-Guidelines for the field efficacy trials（Ⅱ）Insecticides against tea lesser leafhopper	规定了杀虫剂防治茶树叶蝉田间药效试验的方法和基本要求。适用于杀虫剂防治茶小绿叶蝉（茶小绿叶蝉和假眼小绿叶蝉）的登记用田间药效试验及药效评价

序号	标准编号 （被替代标准号）	标准名称	应用范围和要求
67	GB/T 17980.57—2004	农药 田间药效试验准则（二）杀虫剂防治茶树害螨 Pesticide-Guidelines for the field efficacy trials（Ⅱ）Insecticides against pest mites on tea	规定了杀虫剂防治茶树害螨田间药效试验的方法和基本要求。适用于杀虫剂防治茶树害螨（茶橙瘿螨、茶附线螨、茶短须螨等）登记用田间药效试验及药效评价
68	GB/T 17980.58—2004	农药 田间药效试验准则（二）杀虫剂防治柑橘潜叶蛾 Pesticide-Guidelines for the field efficacy trials（Ⅱ）Insecticides against leaf-miner on citrus	规定了杀虫剂防治柑橘树潜叶蛾田间药效试验的方法和基本要求。适用于杀虫剂防治柑橘树潜叶蛾登记用田间药效试验及药效评价
69	GB/T 17980.59—2004	农药 田间药效试验准则（二）杀螨剂防治柑橘锈螨 Pesticide-Guidelines for the field efficacy trials（Ⅱ）Insecticides against rust mite on citrus	规定了杀螨剂防治柑橘树锈螨（锈壁虱）田间药效试验的方法和基本要求。适用于杀螨剂防治柑橘树锈螨（锈壁虱）的登记用田间药效试验及药效评价
70	GB/T 17980.60—2004	农药 田间药效试验准则（二）杀虫剂防治荔枝蝽 Pesticide-Guidelines for the field efficacy trials（Ⅱ）Insecticides against litchi stinkbug	规定了杀虫剂防治荔枝蝽田间药效试验的方法和基本要求。适用于杀虫剂防治荔枝、龙眼的荔枝蝽登记用田间药效试验及药效评价

（续）

序号	标准编号 （被替代标准号）	标准名称	应用范围和要求
71	GB/T 17980.61—2004	农药 田间药效试验准则（二）杀虫剂防治甘蔗螟虫 Pesticide-Guidelines for the field efficacy trials（Ⅱ）Insecticides against sugarcane borer	规定了杀虫剂防治甘蔗螟虫田间药效试验的方法和基本要求。适用于杀虫剂防治甘蔗螟虫（二点螟、条螟、黄螟、白螟、大螟等蔗地鳞翅目钻蛀性害虫）的登记用田间药效试验及药效评价
72	GB/T 17980.62—2004	农药 田间药效试验准则（二）杀虫剂防治甘蔗蚜虫 Pesticide-Guidelines for the field efficacy trials（Ⅱ）Insecticides against sugarcane aphids	规定了杀虫剂防治甘蔗蚜虫田间药效试验的方法和基本要求。适用于杀虫剂防治甘蔗绵蚜等登记用田间药效试验及药效评价
73	GB/T 17980.63—2004	农药 田间药效试验准则（二）杀虫剂防治甘蔗蔗龟 Pesticide-Guidelines for the field efficacy trials（Ⅱ）Insecticides against sugarcane beetle	规定了杀虫剂防治甘蔗蔗龟田间药效试验的方法和基本要求。适用于杀虫剂防治甘蔗蔗龟（陷纹黑金龟甲、齿点黑金龟甲、两点褐鳃金龟、齿缘鳃金龟、黑金龟甲点成虫和幼虫、红脚丽金龟、戴云鳃金龟的幼虫）的登记用田间药效试验及药效评价
74	GB/T 17980.64—2004	农药 田间药效试验准则（二）杀虫剂防治苹果树金纹细蛾 Pesticide-Guidelines for the field efficacy trials（Ⅱ）Insecticides against leaf miner on apple	规定了杀虫剂防治苹果树金纹细蛾田间药效试验的方法和基本要求。适用于杀虫剂防治苹果树金纹细蛾、银纹细蛾、旋纹叶蛾、桃潜叶蛾的登记用田间药效试验及药效评价

· 83 ·

序号	标准编号 （被替代标准号）	标准名称	应用范围和要求
75	GB/T 17980.65—2004	农药 田间药效试验准则（二）杀虫剂防治苹果桃小食心虫 Pesticide-Guidelines for the field efficacy trials（Ⅱ）Insecticides against fruit borer on apple	规定了杀虫剂防治苹果树桃小食心虫类田间药效试验的方法和基本要求。适用于杀虫剂防治苹果树桃小食心虫、梨小食心虫和苹果蛀果害虫的卵和初孵幼虫的登记用田间药效试验及药效评价
76	GB/T 17980.66—2004	农药 田间药效试验准则（二）杀虫剂防治蔬菜潜叶蝇 Pesticide-Guidelines for the field efficacy trials（Ⅱ）Insecticides against leaf miner on vegetable	规定了杀虫剂防治蔬菜潜叶蝇类田间药效试验的方法和基本要求。适用于杀虫剂防治蔬菜（葫芦科、茄科、豆科）、花卉（满天星、菊花等）、烟草上的潜叶蝇类害虫（美洲斑潜蝇、南美斑潜蝇、三叶草斑潜蝇等）的登记用田间药效试验及药效评价
77	GB/T 17980.67—2004	农药 田间药效试验准则（二）杀虫剂防治韭菜韭蛆、根蛆 Pesticide-Guidelines for the field efficacy trials（Ⅱ）Insecticides against chinese chive maggot	规定了杀虫剂防治韭菜韭蛆及大蒜、大葱等作物根蛆类害虫田间药效试验的方法和基本要求。适用于杀虫剂防治韭菜韭蛆（迟眼蕈蚊）及大蒜、大葱等作物的根蛆（葱地种蝇、灰地种蝇、洋葱蝇等）的登记用田间药效试验及药效评价
78	GB/T 17980.68—2004	农药 田间药效试验准则（二）杀鼠剂防治农田害鼠 Pesticide-Guidelines for the field efficacy trials（Ⅱ）Insecticides against mice on field	规定了杀鼠剂防治农田害鼠田间药效试验的方法和基本要求。适用于急性或慢性杀鼠剂防治农田害鼠的登记用田间药效试验及药效评价

序号	标准编号 （被替代标准号）	标准名称	应用范围和要求
79	GB/T 17980.69—2004	农药 田间药效试验准则（二）杀虫剂防治旱地蜗牛及蛞蝓 Pesticide-Guidelines for the field efficacy trials（Ⅱ）Insecticides against snail and slug on non-irrigated land	规定了杀虫剂防治旱地蜗牛及蛞蝓田间药效试验的方法和基本要求。适用于杀虫剂防治灰巴蜗牛、同型巴蜗牛、野蛞蝓等的登记用田间药效试验及药效评价
80	GB/T 17980.70—2004	农药 田间药效试验准则（二）杀虫剂防治森林松毛虫 Pesticide-Guidelines for the field efficacy trials（Ⅱ）Insecticides against pine moth	规定了杀虫剂防治森林松毛虫田间药效试验的方法和基本要求。适用于杀虫剂防治松树、杨树的鳞翅目幼虫（油松毛虫、春尺蠖、杨扁舟蛾及午毒蛾等）的登记用田间药效试验及药效评价
81	GB/T 17980.71—2004	农药 田间药效试验准则（二）杀虫剂防治大豆食心虫 Pesticide-Guidelines for the field efficacy trials（Ⅱ）Insecticides against soybean pod borer	规定了杀虫剂防治大豆食心虫田间药效试验的方法和基本要求。适用于杀虫剂防治大豆食心虫登记用田间药效试验及药效评价
82	GB/T 17980.72—2004	农药 田间药效试验准则（二）杀虫剂防治旱地地下害虫 Pesticide-Guidelines for the field efficacy trials（Ⅱ）Insecticides against soil insect on non-irrigated land	规定了杀虫剂防治旱地地下害虫田间药效试验的方法和基本要求。适用于杀虫剂防治多种旱地作物地下害虫（蝼蛄、蛴螬、金针虫、地老虎等在土中生活且在土中为害的昆虫）的登记用田间药效试验及药效评价

序号	标准编号 （被替代标准号）	标准名称	应用范围和要求
83	GB/T 17980.73—2004	农药 田间药效试验准则（二）杀虫剂防治棉花红铃虫 Pesticide-Guidelines for the field efficacy trials（Ⅱ）Insecticides against pink bollworm on cotton	规定了杀虫剂防治棉花红铃虫田间药效试验的方法和基本要求。适用于杀虫剂防治棉花红铃虫的登记用田间药效试验及药效评价
84	GB/T 17980.74—2004	农药 田间药效试验准则（二）杀虫剂防治棉花红蜘蛛 Pesticide-Guidelines for the field efficacy trials（Ⅱ）Insecticides against red spider on cotton	规定了杀虫剂防治棉花红蜘蛛田间药效试验的方法和基本要求。适用于杀虫剂防治棉花红蜘蛛（朱砂叶螨、截形叶螨、土耳其斯坦叶螨）的登记用田间药效试验及药效评价
85	GB/T 17980.75—2004	农药 田间药效试验准则（二）杀虫剂防治棉花蚜虫 Pesticide-Guidelines for the field efficacy trials（Ⅱ）Insecticides against cotton aphid	规定了杀虫剂防治棉花蚜虫田间药效试验的方法和基本要求。适用于杀虫剂防治棉花蚜虫的登记用田间药效试验及药效评价
86	GB/T 17980.76—2004	农药 田间药效试验准则（二）杀虫剂防治水稻稻瘿蚊 Pesticide-Guidelines for the field efficacy trials（Ⅱ）Insecticides against stem gall midge on rice	规定了杀虫剂防治水稻稻瘿蚊田间药效试验的方法和基本要求。适用于杀虫剂防治水稻稻瘿蚊登记用田间药效试验及药效评价

序号	标准编号 （被替代标准号）	标准名称	应用范围和要求
87	GB/T 17980.77—2004	农药 田间药效试验准则（二）杀虫剂防治水稻蓟马 Pesticide-Guidelines for the field efficacy trials（Ⅱ）Insecticides against thrips on rice	规定了杀虫剂防治水稻蓟马田间药效试验的方法和基本要求。适用于杀虫剂防治水稻稻蓟马、稻管蓟马及其他蓟马科害虫的登记用田间药效试验及药效评价
88	GB/T 17980.78—2004	农药 田间药效试验准则（二）杀虫剂防治小麦吸浆虫 Pesticide-Guidelines for the field efficacy trials（Ⅱ）Insecticides against blossom midge on wheat	规定了杀虫剂防治小麦吸浆虫田间药效试验的方法和基本要求。适用于杀虫剂防治小麦孕穗期红吸浆虫、黄吸浆虫的登记用田间药效试验及药效评价
89	GB/T 17980.79—2004	农药 田间药效试验准则（二）杀虫剂防治小麦蚜虫 Pesticide-Guidelines for the field efficacy trials（Ⅱ）Insecticides against aphids on wheat	规定了杀虫剂防治小麦蚜虫田间药效试验的方法和基本要求。适用于杀虫剂防治小麦的无翅蚜（麦长管蚜、麦二叉蚜，禾缢管蚜和麦无网长管蚜）的登记用田间药效试验及药效评价
90	GB/T 17980.80—2004	农药 田间药效试验准则（二）杀虫剂防治黏虫 Pesticide-Guidelines for the field efficacy trials（Ⅱ）Insecticides against armyworm	规定了杀虫剂防治黏虫田间药效试验的方法和基本要求。适用于杀虫剂防治禾谷类作物黏虫幼虫的登记用田间药效试验及药效评价

序号	标准编号 （被替代标准号）	标准名称	应用范围和要求
91	GB/T 17980.81—2004	农药 田间药效试验准则（二）杀螺剂防治水稻福寿螺 Pesticide-Guidelines for the field efficacy trials（Ⅱ）Insecticides against golden apple snail on rice	规定了杀螺剂防治水稻福寿螺田间药效试验的方法和基本要求。适用于杀螺剂防治水稻田福寿螺的登记用田间药效试验及药效评价
92	GB/T 17980.82—2004	农药 田间药效试验准则（二）杀菌剂防治茶饼病 Pesticide-Guidelines for the field efficacy trials（Ⅱ）Fungicides against blister blight of tea	规定了杀菌剂防治茶饼病田间药效试验的方法和基本要求。适用于杀菌剂防治茶饼病的登记用田间药效试验及药效评价
93	GB/T 17980.83—2004	农药 田间药效试验准则（二）杀菌剂防治茶云纹叶枯病 Pesticide-Guidelines for the field efficacy trials（Ⅱ）Fungicides against brown blight of tea	规定了杀菌剂防治茶云纹叶枯病田间药效试验的方法和基本要求。适用于杀虫剂防治茶树茶云纹叶枯病的登记用田间药效试验及药效评价
94	GB/T 17980.84—2004	农药 田间药效试验准则（二）杀菌剂防治花生锈病 Pesticide-Guidelines for the field efficacy trials（Ⅱ）Fungicides against rust of peanut	规定了杀菌剂防治花生锈病田间试验的方法和基本要求。适用于杀虫剂防治花生锈病的登记用田间药效试验及药效评价

序号	标准编号 （被替代标准号）	标准名称	应用范围和要求
95	GB/T 17980.85—2004	农药 田间药效试验准则（二）杀菌剂防治花生叶斑病 Pesticide-Guidelines for the field efficacy trials（Ⅱ）Fungicides against alternaria leaf spots of peanut	规定了杀菌剂防治花生叶斑病田间药效试验的方法和要求。适用于杀菌剂防治花生叶斑病（褐斑病、黑斑病）的登记用田间药效试验及评价
96	GB/T 17980.86—2004	农药 田间药效试验准则（二）杀菌剂防治甜菜褐斑病 Pesticide-Guidelines for the field efficacy trials（Ⅱ）Fungicides against cercospora leaf spot of sugarbeet	规定了杀菌剂防治甜菜褐斑病田间药效试验的方法和要求。适用于杀菌剂防治甜菜褐斑病的登记用田间药效试验及评价
97	GB/T 17980.87—2004	农药 田间药效试验准则（二）杀菌剂防治甜菜根腐病 Pesticide-Guidelines for the field efficacy trials（Ⅱ）Fungicides against leaf spot of sugarbeet	规定了杀菌剂防治甜菜根腐病田间药效试验的方法和要求。适用于杀菌剂防治甜菜根腐病的登记用田间药效试验及评价
98	GB/T 17980.88—2004	农药 田间药效试验准则（二）杀菌剂防治大豆根腐病 Pesticide-Guidelines for the field efficacy trials（Ⅱ）Fungicides against root rot of soybean	规定了杀菌剂防治大豆根腐病田间药效试验的方法和要求。适用于杀菌剂防治大豆根腐病的登记用田间药效试验及评价

序号	标准编号 （被替代标准号）	标准名称	应用范围和要求
99	GB/T 17980.89—2004	农药 田间药效试验准则（二）杀菌剂防治大豆锈病 Pesticide-Guidelines for the field efficacy trials (Ⅱ) Fungicides against rust of soybean	规定了杀菌剂防治大豆锈病田间药效试验的方法和要求。适用于杀菌剂防治大豆锈病的登记用田间药效试验及评价
100	GB/T 17980.90—2004	农药 田间药效试验准则（二）杀菌剂防治烟草黑胫病 Pesticide-Guidelines for the field efficacy trials (Ⅱ) Fungicides against black shank of tobacco	规定了杀菌剂防治烟草黑胫病田间药效试验的方法和要求。适用于杀菌剂防治烟草黑胫病的登记用田间药效试验及评价
101	GB/T 17980.91—2004	农药 田间药效试验准则（二）杀菌剂防治烟草赤星病 Pesticide-Guidelines for the field efficacy trials (Ⅱ) Fungicides against brown leaf spot of tobacco	规定了杀菌剂防治烟草赤星病田间药效试验的方法和要求。适用于杀菌剂防治烟草赤星病的登记用田间药效试验及评价
102	GB/T 17980.92—2004	农药 田间药效试验准则（二）杀菌剂防治棉花黄、枯萎病 Pesticide-Guidelines for the field efficacy trials (Ⅱ) Fungicides against verticillium wilt and fusarium wilt of cotton	规定了杀菌剂防治棉花黄、枯萎病田间药效试验的方法和要求。适用于杀菌剂防治棉花黄萎病、枯萎病的登记用田间药效试验及评价
103	GB/T 17980.93—2004	农药 田间药效试验准则（二）杀菌剂种子处理防治棉花苗期病害 Pesticide-Guidelines for the field efficacy trials (Ⅱ) Fungicides seed treatment against seedling diseases of cotton	规定了杀菌剂种子处理防治棉花苗期病害田间药效试验的方法和要求。适用于杀菌剂种子处理防治棉花苗期病害（立枯病、炭疽病和红腐病）的登记用田间药效试验及评价

（续）

序号	标准编号 （被替代标准号）	标准名称	应用范围和要求
104	GB/T 17980.94—2004	农药　田间药效试验准则（二）杀菌剂防治柑橘脚腐病 Pesticide-Guidelines for the field efficacy trials（Ⅱ）Fungicides against foot rot of citrus	规定了杀菌剂防治柑橘脚腐病田间药效试验的方法和要求。适用于杀菌剂防治柑橘脚腐病的登记用田间药效试验及评价
105	GB/T 17980.95—2004	农药　田间药效试验准则（二）杀菌剂防治香蕉叶斑病 Pesticide-Guidelines for the field efficacy trials（Ⅱ）Fungicides against cordana leaf spot of banana	规定了杀菌剂防治香蕉叶斑病田间药效试验的方法和要求。适用于杀菌剂防治香蕉叶斑病的登记用田间药效试验及评价
106	GB/T 17980.96—2004	农药　田间药效试验准则（二）杀菌剂防治香蕉贮藏病害 Pesticide-Guidelines for the field efficacy trials（Ⅱ）Fungicides against post-harvest diseases of banana	规定了杀菌剂防治香蕉贮藏期病害田间药效试验的方法和要求。适用于杀菌剂防治香蕉贮藏期病害（轴腐病和炭疽病）的登记用田间药效试验及评价
107	GB/T 17980.97—2004	农药　田间药效试验准则（二）杀菌剂防治杧果白粉病 Pesticide-Guidelines for the field efficacy trials（Ⅱ）Fungicides against powdery mildew of mango	规定了杀菌剂防治杧果白粉病田间药效试验的方法和要求。适用于杀菌剂防治杧果白粉病的登记用田间药效试验及评价

· 91 ·

（续）

序号	标准编号 （被替代标准号）	标准名称	应用范围和要求
108	GB/T 17980.98—2004	农药 田间药效试验准则（二）杀菌剂防治杧果炭疽病 Pesticide-Guidelines for the field efficacy trials（Ⅱ）Fungicides against anthracnose of mango	规定了杀菌剂防治杧果炭疽病田间药效试验的方法和要求。适用于杀菌剂防治杧果炭疽病登记用田间药效试验及评价
109	GB/T 17980.99—2004	农药 田间药效试验准则（二）杀菌剂防治杧果贮藏期炭疽病 Pesticide-Guidelines for the field efficacy trials（Ⅱ）Fungicides against post-harverst anthracnose of mango	规定了杀菌剂防治杧果贮藏期炭疽病田间药效试验的方法和要求。适用于杀菌剂防治杧果贮藏期炭疽病登记用田间药效试验及评价
110	GB/T 17980.100—2004	农药 田间药效试验准则（二）杀菌剂防治荔枝霜疫霉病 Pesticide-Guidelines for the field efficacy trials（Ⅱ）Fungicides against downy blight of litchi	规定了杀菌剂防治荔枝霜疫霉病田间药效试验的方法和要求。适用于杀菌剂防治荔枝霜疫霉病登记用田间药效试验及评价
111	GB/T 17980.101—2004	农药 田间药效试验准则（二）杀菌剂防治甘蔗凤梨病 Pesticide-Guidelines for the field efficacy trials（Ⅱ）Fungicides against pineappleal disease of sugarcane	规定了杀菌剂防治甘蔗凤梨病田间药效试验的方法和要求。适用于杀菌剂防治甘蔗凤梨病登记用田间药效试验及评价

（续）

序号	标准编号 （被替代标准号）	标准名称	应用范围和要求
112	GB/T 17980.102—2004	农药 田间药效试验准则（二）杀菌剂防治柑橘疮痂病 Pesticide-Guidelines for the field efficacy trials（Ⅱ）Fungicides against scab of citrus	规定了杀菌剂防治柑橘溃疡场病田间药效试验的方法和要求。适用于杀菌剂防治柑橘溃疡场病登记用田间药效试验及评价
113	GB/T 17980.103—2004	农药 田间药效试验准则（二）治柑橘溃疡场病 Pesticide-Guidelines for the field efficacy trials（Ⅱ）Fungicides against canker of citrus	规定了杀菌剂防治柑橘溃疡场病田间药效试验的方法和要求。适用于杀菌剂防治柑橘溃疡场病登记用田间药效试验及评价
114	GB/T 17980.104—2004	农药 田间药效试验准则（二）治水稻恶苗病 Pesticide-Guidelines for the field efficacy trials（Ⅱ）Fungicides against bakanal disease of rice	规定了杀菌剂防治水稻恶苗病田间药效试验的方法和要求。适用于杀菌剂防治水稻恶苗病登记用田间药效试验及评价
115	GB/T 17980.105—2004	农药 田间药效试验准则（二）治水稻细菌性条斑病 Pesticide-Guidelines for the field efficacy trials（Ⅱ）Fungicides against bacterial streak of rice	规定了杀菌剂防治水稻细菌性条斑病田间药效试验的方法和要求。适用于杀菌剂防治水稻细菌性条斑病登记用田间药效试验及评价

序号	标准编号 （被替代标准号）	标准名称	应用范围和要求
116	GB/T 17980.106—2004	农药　田间药效试验准则（二）杀菌剂防治玉米丝黑穗病 Pesticide-Guidelines for the field efficacy trials（Ⅱ）Fungicides against head smut of corn	规定了杀菌剂防治玉米丝黑穗病田间药效试验的方法和要求。适用于杀菌剂防治玉米丝黑穗病登记用田间药效试验及评价
117	GB/T 17980.107—2004	农药　田间药效试验准则（二）杀菌剂防治玉米大、小斑病 Pesticide-Guidelines for the field efficacy trials（Ⅱ）Fungicides against northern leaf blight and southern leaf blight spot of corn	规定了杀菌剂防治玉米大、小斑病田间药效试验的方法和要求。适用于杀菌剂防治玉米大、小斑病登记用田间药效试验及评价
118	GB/T 17980.108—2004	农药　田间药效试验准则（二）杀菌剂防治小麦纹枯病 Pesticide-Guidelines for the field efficacy trials（Ⅱ）Fungicides against sharp eyespot of wheat	规定了杀菌剂防治小麦纹枯病田间药效试验的方法和要求。适用于杀菌剂防治小麦纹枯病登记用田间药效试验及评价
119	GB/T 17980.109—2004	农药　田间药效试验准则（二）杀菌剂防治小麦全蚀病 Pesticide-Guidelines for the field efficacy trials（Ⅱ）Fungicides against take-all of wheat	规定了杀菌剂防治小麦全蚀病田间药效试验的方法和要求。适用于杀菌剂防治小麦全蚀病登记用田间药效试验及评价

序号	标准编号 （被替代标准号）	标准名称	应用范围和要求
120	GB/T 17980.110—2004	农药 田间药效试验准则（二）杀菌剂防治黄瓜细菌性角斑病 Pesticide-Guidelines for the field efficacy trials（Ⅱ）Fungicides against bacterial angular leaf spot of cucumber	规定了杀菌剂防治黄瓜细菌性角斑病田间药效试验的方法和要求。适用于杀菌剂防治黄瓜细菌性角斑病登记用田间药效试验及评价
121	GB/T 17980.111—2004	农药 田间药效试验准则（二）杀菌剂防治番茄叶霉病 Pesticide-Guidelines for the field efficacy trials（Ⅱ）Fungicides against leaf mold of tomato	规定了杀菌剂防治番茄叶霉病田间药效试验的方法和要求。适用于杀菌剂防治番茄叶霉病登记用田间药效试验及评价
122	GB/T 17980.112—2004	农药 田间药效试验准则（二）杀菌剂防治瓜类炭疽病 Pesticide-Guidelines for the field efficacy trials（Ⅱ）Fungicides against anthracnose of cucurbits	规定了杀菌剂防治瓜类炭疽病田间药效试验的方法和要求。适用于杀菌剂防治瓜类炭疽病登记用田间药效试验及评价
123	GB/T 17980.113—2004	农药 田间药效试验准则（二）杀菌剂防治瓜类枯萎病 Pesticide-Guidelines for the field efficacy trials（Ⅱ）Fungicides against fusarium wilt of cucurbits	规定了杀菌剂防治瓜类枯萎病田间药效试验的方法和要求。适用于杀菌剂防治瓜类枯萎病登记用田间药效试验及评价

序号	标准编号 （被替代标准号）	标准名称	应用范围和要求
124	GB/T 17980.114—2004	农药 田间药效试验准则（二）杀菌剂防治大白菜软腐病 Pesticide-Guidelines for the field efficacy trials（Ⅱ）Fungicides against soft rot of Chinese cabbage	规定了杀菌剂防治大白菜软腐病田间药效试验的方法和要求。适用于杀菌剂防治大白菜软腐病登记用田间药效试验及评价
125	GB/T 17980.115—2004	农药 田间药效试验准则（二）杀菌剂防治大白菜霜霉病 Pesticide-Guidelines for the field efficacy trials（Ⅱ）Fungicides against downy mildew of Chinese cabbage	规定了杀菌剂防治大白菜霜霉病田间药效试验的方法和要求。适用于杀菌剂防治大白菜霜霉病登记用田间药效试验及评价
126	GB/T 17980.116—2004	农药 田间药效试验准则（二）杀菌剂防治苹果和梨树树腐烂病病疤（斑）复发 Pesticide-Guidelines for the field efficacy trials（Ⅱ）Fungicides against recur canker of apple and pear	规定了杀菌剂防治苹果树和梨树腐烂病病疤（斑）复发田间药效试验的方法和要求。适用于杀菌剂防治苹果树和梨树腐烂病病疤（斑）复发登记用田间药效试验及评价
127	GB/T 17980.117—2004	农药 田间药效试验准则（二）杀菌剂防治苹果和梨树树腐烂病 Pesticide-Guidelines for the field efficacy trials（Ⅱ）Fungicides against canker of apple and pear	规定了杀菌剂防治苹果树和梨树腐烂病田间药效试验的方法和要求。适用于杀菌剂防治苹果树和梨树腐烂病登记用田间药效试验及评价

序号	标准编号 （被替代标准号）	标准名称	应用范围和要求
128	GB/T 17980.118—2004	农药 田间药效试验准则（二）杀菌剂防治苹果果轮纹病 Pesticide-Guidelines for the field efficacy trials（Ⅱ）Fungicides against ring spot of apple	规定了杀菌剂防治苹果果树轮纹病田间药效试验的方法和要求。适用于杀菌剂防治苹果果树轮纹病登记用田间药效试验及评价
129	GB/T 17980.119—2004	农药 田间药效试验准则（二）杀菌剂防治草莓白粉病 Pesticide-Guidelines for the field efficacy trials（Ⅱ）Fungicides against powdery mildew of strawberry	规定了杀菌剂防治草莓白粉病田间药效试验的方法和要求。适用于杀菌剂防治草莓白粉病登记用田间药效试验及评价
130	GB/T 17980.120—2004	农药 田间药效试验准则（二）杀菌剂防治草莓灰霉病 Pesticide-Guidelines for the field efficacy trials（Ⅱ）Fungicides against gray mold rot of strawberry	规定了杀菌剂防治草莓灰霉病田间药效试验的方法和要求。适用于杀菌剂防治草莓灰霉病登记用田间药效试验及评价
131	GB/T 17980.121—2004	农药 田间药效试验准则（二）杀菌剂防治葡萄白腐病 Pesticide-Guidelines for the field efficacy trials（Ⅱ）Fungicides against white rot of grape	规定了杀菌剂防治葡萄白腐病田间药效试验的方法和要求。适用于杀菌剂防治葡萄白腐病登记用田间药效试验及评价

序号	标准编号 （被替代标准号）	标准名称	应用范围和要求
132	GB/T 17980.122—2004	农药 田间药效试验准则（二）杀菌剂防治葡萄霜霉病 Pesticide-Guidelines for the field efficacy trials（Ⅱ）Fungicides against downy mildew of grape	规定了杀菌剂防治葡萄霜霉病田间药效试验的方法和要求。适用于杀菌剂防治葡萄霜霉病登记用田间药效试验及评价
133	GB/T 17980.123—2004	农药 田间药效试验准则（二）杀菌剂防治葡萄黑痘病 Pesticide-Guidelines for the field efficacy trials（Ⅱ）Fungicides against bird's eye rot of grape	规定了杀菌剂防治葡萄黑痘病田间药效试验的方法和要求。适用于杀菌剂防治葡萄黑痘病登记用田间药效试验及评价
134	GB/T 17980.124—2004	农药 田间药效试验准则（二）杀菌剂防治苹果树斑点落叶病 Pesticide-Guidelines for the field efficacy trials（Ⅱ）Fungicides against alternaria leaf spot of apple	规定了杀菌剂防治苹果树斑点落叶病田间药效试验的方法和要求。适用于杀菌剂防治苹果树斑点落叶病登记用田间药效试验及评价
135	GB/T 17980.125—2004	农药 田间药效试验准则（二）除草剂防除大豆田杂草 Pesticide-Guidelines for the field efficacy trials（Ⅱ）Herbicides against weeds in soybean	规定了除草剂防治大豆田杂草田间药效试验的方法和要求。适用于除草剂防治夏大豆和春大豆田杂草的登记用田间药效试验及评价

序号	标准编号 （被替代标准号）	标准名称	应用范围和要求
136	GB/T 17980.126—2004	农药 田间药效试验准则（二）除草剂防治花生田杂草 Pesticide-Guidelines for the field efficacy trials（Ⅱ）Herbicides against weeds in peanut	规定了除草剂防治花生田杂草田间药效试验的方法和要求。适用于除草剂防治春花生田、夏花生田杂草的登记用田间药效试验及评价
137	GB/T 17980.127—2004	农药 田间药效试验准则（二）除草剂行间喷雾防治作物田杂草 Pesticide-Guidelines for the field efficacy trials（Ⅱ）Herbicides against weeds in crops with directional spray	规定了除草剂防治作物行间杂草田间药效试验的方法和要求。适用于除草剂防治作物行间杂草的登记用田间药效试验及评价
138	GB/T 17980.128—2004	农药 田间药效试验准则（二）除草剂防治棉花田杂草 Pesticide-Guidelines for the field efficacy trials（Ⅱ）Herbicides against weeds in cotton	规定了除草剂防治棉花田杂草田间药效试验的方法和要求。适用于除草剂防治春播棉花田和夏播棉花田杂草的登记用田间药效试验及评价
139	GB/T 17980.129—2004	农药 田间药效试验准则（二）除草剂防治烟草田杂草 Pesticide-Guidelines for the field efficacy trials（Ⅱ）Herbicides against weeds in tobacco	规定了除草剂防治烟草田杂草田间药效试验的方法和要求。适用于除草剂防治烟草田杂草的登记用田间药效试验及评价

序号	标准编号 （被替代标准号）	标准名称	应用范围和要求
140	GB/T 17980.130—2004	农药 田间药效试验准则（二）除草剂防治橡胶园杂草 Pesticide-Guidelines for the field efficacy trials（Ⅱ）Herbicides against weeds in latex	规定了除草剂防治橡胶园杂草田间药效试验的方法和要求。适用于除草剂防治橡胶园杂草的登记用田间药效试验及评价
141	GB/T 17980.131—2004	农药 田间药效试验准则（二）化学杀雄剂诱导小麦雄性不育试验 Pesticide-Guidelines for the field efficacy trials（Ⅱ）Chemical induction of male sterility induce male yeld in wheat	规定了利用化学杀雄剂诱导小麦雄性不育田间药效试验的方法和要求。适用于利用化学杀雄剂诱导小麦雄性不育的登记用田间药效试验及评价
142	GB/T 17980.132—2004	农药 田间药效试验准则（二）小麦生长调节剂试验 Pesticide-Guidelines for the field efficacy trials（Ⅱ）Plant growth regulator trials on wheat	规定了植物生长调节剂用于调节小麦生长的田间药效试验的方法和要求。适用于小麦生长调节剂的登记用田间药效试验及评价
143	GB/T 17980.133—2004	农药 田间药效试验准则（二）马铃薯脱叶干燥剂试验 Pesticide-Guidelines for the field efficacy trials（Ⅱ）Defolate desiccant trials on potato	规定了马铃薯脱叶干燥剂田间药效试验的方法和要求。适用于马铃薯脱叶干燥剂的登记用田间药效试验及评价

序号	标准编号 （被替代标准号）	标准名称	应用范围和要求
144	GB/T 17980.134—2004	农药 田间药效试验准则（二）棉花生长调节剂试验 Pesticide-Guidelines for the field efficacy trials（Ⅱ）Plant growth regulator trials on cotton	规定了棉花生长调节剂田间药效试验的方法和要求。适用于棉花生长调节剂的登记用田间药效试验及评价
145	GB/T 17980.135—2004	农药 田间药效试验准则（二）除草剂防治草莓地杂草 Pesticide-Guidelines for the field efficacy trials（Ⅱ）Herbicides against weeds in strawberry	规定了除草剂防治草莓地杂草田间药效试验的方法和要求。适用于除草剂防治草莓地杂草的登记用田间药效试验及评价
146	GB/T 17980.136—2004	农药 田间药效试验准则（二）烟草抑芽剂试验 Pesticide-Guidelines for the field efficacy trials（Ⅱ）Restrian shoot medicament trials on tobacoo	规定了烟草抑芽剂田间药效试验的方法和要求。适用于烟草抑芽剂的登记用田间药效试验及评价
147	GB/T 17980.137—2004	农药 田间药效试验准则（二）马铃薯抑芽剂试验 Pesticide-Guidelines for the field efficacy trials（Ⅱ）Restrian shoot medicament trials on potato	规定了马铃薯抑芽剂田间药效试验的方法和要求。适用于马铃薯抑芽剂的登记用田间药效试验及评价

序号	标准编号 （被替代标准号）	标准名称	应用范围和要求
148	GB/T 17980.138—2004	农药 田间药效试验准则（二）除草剂防治水生杂草 Pesticide-Guidelines for the field efficacy trials（Ⅱ）Herbicides against weeds in hydrophily	规定了除草剂防治水生作物田杂草田间药效试验的方法和要求。适用于除草剂防治水生作物（莲藕、茭白、荸荠、蒲菜、莼菜、慈姑、芡实、水芹、水蕹菜）田杂草的登记用田间药效试验及评价
149	GB/T 17980.139—2004	农药 田间药效试验准则（二）玉米生长调节剂试验 Pesticide-Guidelines for the field efficacy trials（Ⅱ）Plant growth regulator trials on corn	规定了玉米生长调节剂田间药效试验的方法和要求。适用于玉米（夏玉米、春玉米、地膜栽培玉米）生长调节剂的登记用田间药效试验及评价
150	GB/T 17980.140—2004	农药 田间药效试验准则（二）水稻生长调节剂试验 Pesticide-Guidelines for the field efficacy trials（Ⅱ）Plant growth regulator trials on rice	规定了水稻生长调节剂田间药效试验的方法和要求。适用于水稻（早稻、中稻、晚稻）生长调节剂的登记用田间药效试验及评价
151	GB/T 17980.141—2004	农药 田间药效试验准则（二）黄瓜生长调节剂试验 Pesticide-Guidelines for the field efficacy trials（Ⅱ）Plant growth regulator trials on cucumber	规定了黄瓜生长调节剂田间药效试验的方法和要求。适用于露地和保护地黄瓜生长调节剂的登记用田间药效试验及评价

序号	标准编号 （被替代标准号）	标准名称	应用范围和要求
152	GB/T 17980.142—2004	农药 田间药效试验准则（二） 番茄生长调节剂试验 Pesticide-Guidelines for the field efficacy trials（Ⅱ） Plant growth regulator trials on tomato	规定了番茄生长调节剂田间药效试验的方法和要求。适用于调节露地或保护地番茄生长，或防止落花落果的植物生长调节剂登记用田间药效试验及评价
153	GB/T 17980.143—2004	农药 田间药效试验准则（二） 葡萄生长调节剂试验 Pesticide-Guidelines for the field efficacy trials（Ⅱ） Plant growth regulator trials on grape	规定了葡萄生长调节剂田间药效试验的方法和要求。适用于调节葡萄（抑制新梢生长、提高产量和改善品质等）的植物生长调节剂登记用田间药效试验及评价
154	GB/T 17980.144—2004	农药 田间药效试验准则（二） 植物生长调节剂促进苹果着色试验 Pesticide-Guidelines for the field efficacy trials（Ⅱ） Plant growth regulator trials on pigmentation of apple	规定了植物生长调节剂促进苹果着色田间药效试验的方法和要求。适用于植物生长调节剂促进苹果着色的登记用田间药效试验及评价
155	GB/T 17980.145—2004	农药 田间药效试验准则（二） 植物生长调节剂促进果树成花与坐果试验 Pesticide-Guidelines for the field efficacy trials（Ⅱ） Plant growth regulator trials on bloom and fruit set of fruiter	规定了植物生长调节剂促进果树成花与坐果田间药效试验的方法和要求。适用于植物生长调节剂促进果树成花与坐果的登记用田间药效试验及评价

序号	标准编号 （被替代标准号）	标准名称	应用范围和要求
156	GB/T 17980.146—2004	农药 田间药效试验准则（二）植物生长调节剂提高苹果果形指数试验 Pesticide-Guidelines for the field efficacy trials（Ⅱ）Plant growth regulator trials on the figure index of apple	规定了植物生长调节剂提高苹果果形指数田间药效试验的方法和要求。适用于植物生长调节剂提高苹果果形指数的登记用田间药效试验及评价
157	GB/T 17980.147—2004	农药 田间药效试验准则（二）大豆生长调节剂试验 Pesticide-Guidelines for the field efficacy trials（Ⅱ）Plant growth regulator trials on soybean	规定了大豆生长调节剂田间药效试验的方法和要求。适用于调节剂夏大豆和春大豆生长的植物生长调节剂的登记用田间药效试验及评价
158	GB/T 17980.148—2004	农药 田间药效试验准则（二）除草剂防治草坪杂草 Pesticide-Guidelines for the field efficacy trials（Ⅱ）Herbicides against weeds in lawn	规定了除草剂防治草坪杂草田间药效试验的方法和要求。适用于除草剂防治草坪杂草的登记用田间药效试验及评价
159	GB/T 18260—2000	木材防腐剂对白蚁毒效实验室试验方法 Laboratory test method for wood preservatives of determining the protective effectiveness of preservatives against termites	规定了木材防腐剂在实验室条件下真空处理试块对家白蚁毒性试验方法。适用于处理木材中防腐剂经流失老化后毒性范围的测定，还适用于不同防腐剂对台湾白蚁毒性大小比较的测定。也适用于木材防腐剂用加压处理试块毒性试验

序号	标准编号 （被替代标准号）	标准名称	应用范围和要求
160	GB/T 18261—2000	防霉剂防治木材霉菌及蓝变菌的试验方法 Testing method for anti-mould chemicals in controlling mould and blue stain fungi on wood	规定了防霉剂防治木材霉菌及蓝变菌的实验室及野外试验方法。适用于实验室防霉剂对木材霉菌及蓝变菌毒性及野外试验评估其效果。对木制品、人造板、竹材及藤类的防霉和防蓝变试验亦可参照使用
161	GB/T 21157—2007	颗粒杀虫剂或除草剂撒布机试验方法 Equipment for distributing granulated pesticides or herbicides-test method	规定了颗粒杀虫剂或除草剂撒布机试验方法，包括挂接在主机上撒布机的试验室方法
162	LY/T 1283—1998	木材防腐剂对腐朽菌毒性实验室试验方法 Method of laboratory test for toxicity of wood preservatives to decay fungi	规定了在实验室条件下，通过测定经防腐剂处理的木材受腐朽菌侵染后造成木材重量损失，确定该防腐剂对腐朽菌毒性极效的试验方法。适用于测定木材防腐剂对腐朽菌毒性极限
163	LY/T 1284—1998	木材防腐剂对软腐菌毒性实验室试验方法 Method of laboratory test for toxicity of wood preservatives to soft-rot fungi	规定了在实验室条件下，通过测定经防腐剂处理的木材受软腐菌侵染后造成木材重量损失，确定该防腐剂对软腐菌毒性极效的试验方法。适用于测定木材防腐剂对软腐菌毒性极限
164	NY/T 1151.2—2006	农药登记卫生用杀虫剂室内药效试验方法及评价 第2部分：灭螨和驱螨剂 Efficacy test methods and criteria of public health insecticides for pesticide registration Part 2: Miticides and mite repllents	规定了农药登记卫生用杀螨和驱螨剂室内药效试验方法和评价指标。适用于农药登记卫生用杀螨和驱螨剂对螨虫（粉尘螨）室内药效的测定和评价

序号	标准编号 （被替代标准号）	标准名称	应用范围和要求
165	NY/T 1152—2006	农药登记用杀鼠剂防治家栖鼠类药效试验方法及评价 Test methods and efficacy determination of rodenticide for control of commensal rodents for pesticide registration	规定了杀鼠剂防治家栖鼠类的实验室及现场试验的方法、基本要求和评价指标。适用于饵剂防治家栖鼠类登记用药效试验及效果评价
166	NY/T 1153.1—2006	农药登记用白蚁防治剂药效试验方法及评价 第1部分：原药对白蚁的毒力 Test methods and efficacy determination of insecticides for termite control for pesticide registration Part 1: Efficacy of technical pesticide in controlling termites	规定了农药原药对白蚁的实验室毒力试验方法及评价标准。适用于农药登记原药防治白蚁实验室毒力的测定和评价
167	NY/T 1153.2—2006	农药登记用白蚁防治剂药效试验方法及评价 第2部分：农药对白蚁的毒力传递 Test methods and efficacy determination of insecticides for termite control for pesticide registration Part 2: Pesticide toxicity transmission in termites	规定了白蚁对农药的毒力传递药效试验方法及评价标准。适用于农药登记白蚁对农药的毒力传递药效测定和评价

序号	标准编号 （被替代标准号）	标准名称	应用范围和要求
168	NY/T 1153.3—2006	农药登记用白蚁防治剂药效试验方法及评价 第3部分：农药土壤处理剂防治白蚁 Test methods and efficacy determination of insecticides for termite control for pesticide registration Part 3: Pesticide soil treatment for termite control	规定了农药土壤处理剂防治白蚁药效试验方法及评价。适用于农药登记土壤处理剂防治白蚁的药效测定和评价
169	NY/T 1153.4—2006	农药登记用白蚁防治剂药效试验方法及评价 第4部分：农药木材处理剂防治白蚁 Test methods and efficacy determination of insecticides for termite control for pesticide registration Part 4: Pesticide treatment of wood for termite control	规定了农药木材处理剂防治白蚁药效试验方法及评价。适用于农药登记木材处理剂防治白蚁的药效测定和评价
170	NY/T 1153.5—2006	农药登记用白蚁防治剂药效试验方法及评价 第5部分：饵剂防治白蚁 Test methods and efficacy determination of insecticides for termite control for pesticide registration Part 5: Bait treatment for termite control	规定了饵剂防治白蚁药效试验方法及评价标准。适用于农药登记饵剂防治白蚁药效的测定和评价

序号	标准编号（被替代标准号）	标准名称	应用范围和要求
171	NY/T 1153.6—2006	农药登记用白蚁防治剂药效试验方法及评价 第6部分：农药滞留喷洒防治房屋白蚁 Test methods and efficacy determination of insecticides for termite control for pesticide registration Part 6: Pesticide residual spray for termite control in and around buildings	规定了滞留喷洒农药防治房屋白蚁现场试验方法及评价标准。适用于农药登记滞留喷洒农药防治房屋白蚁现场药效的测定和评价
172	NY/T 1154.1—2006	农药室内生物测定试验准则 杀虫剂 第1部分：触杀活性试验 点滴法 Pesticides guidelines for laboratory bioactivity tests Part 1: The topical application test for insecticide contact activity	规定了点滴法测定杀虫剂触杀活性试验的基本要求和方法。适用于杀虫剂触杀活性测定的农药登记室内试验
173	NY/T 1154.2—2006	农药室内生物测定试验准则 杀虫剂 第2部分：胃毒活性试验 夹毒叶片法 Pesticides guidelines for laboratory bioactivity tests Part 2: The leaf sandwich test for insecticide stomach poisoning activity	规定了夹毒叶片法测定杀虫剂胃毒活性试验的基本要求和方法。适用于杀虫剂胃毒活性测定的农药登记室内试验

序号	标准编号 （被替代标准号）	标准名称	应用范围和要求
174	NY/T 1154.3—2006	农药室内生物测定试验准则 杀虫剂 第3部分：熏蒸活性试验 锥形瓶法 Pesticides guidelines for laboratory bioactivity tests Part 3: Erlenmeyer flask test for insecticide fumigant activity	规定了锥形瓶法测定杀虫剂熏蒸活性试验的基本要求和方法。适用于杀虫剂熏蒸活性测定的农药登记室内试验
175	NY/T 1154.4—2006	农药室内生物测定试验准则 杀虫剂 第4部分：内吸活性试验 连续浸液法 Pesticides guidelines for laboratory bioactivity tests Part 4: Continuous immersion test for insecticide systemic activity	规定了连续浸液法测定杀虫剂内吸活性试验的基本要求和方法。适用于杀虫剂内吸活性测定的农药登记室内试验
176	NY/T 1154.5—2006	农药室内生物测定试验准则 杀虫剂 第5部分：杀卵活性试验 浸渍法 Pesticides guidelines for laboratory bioactivity tests Part 5: The dipping test for insecticide ovicidal activity	规定了杀虫剂杀卵活性测定试验的基本要求和方法。适用于杀虫剂杀卵活性测定的农药登记室内试验

序号	标准编号 （被替代标准号）	标准名称	应用范围和要求
177	NY/T 1154.6—2006	农药室内生物测定试验准则 杀虫剂 第 6部分：杀虫活性试验 浸虫法 Pesticides guidelines for laboratory bioactivity tests Part 6: The immersion test for insecticide activity	规定了浸虫法测定杀虫剂活性试验的基本要求和方法。 适用于杀虫剂活性测定的农药登记室内试验
178	NY/T 1154.7—2006	农药室内生物测定试验准则 杀虫剂 第 7部分：混配的联合作用测定 Pesticides guidelines for laboratory bioactivity tests Part 7: Synergism evaluation of insecti- cide mixtures	规定了杀虫剂混配联合作用测定试验的基本要求和方 法。适用于杀虫剂联合作用测定的农药登记室内试验
179	NY/T 1154.8—2007	农药室内生物测定试验准则 杀虫剂 第 8部分：滤纸药膜法 Guideline for laboratory bioassay of pesticides Part 8: Insecticide-impregnated filter method	规定了滤纸药膜法测定杀虫剂生物活性的试验方法。 适用于农药登记用杀虫剂触杀活性室内生物测定试验

序号	标准编号 （被替代标准号）	标准名称	应用范围和要求
180	NY/T 1154.9—2008	农药室内生物测定试验准则 杀虫剂 第9部分：喷雾法 Guideline for laboratory bioassay of pesticides Part 9: Spraying method	规定了喷雾法测定杀虫剂生物活性的试验方法。适用于农药登记用杀虫剂触杀活性室内生物测定试验
181	NY/T 1154.10—2008	农药室内生物测定试验准则 杀虫剂 第10部分：人工饲料混药法 Guideline for laboratory bioassay of pesticides Part 10: Diet incorporation method	规定了人工饲料混药法测定杀虫剂生物活性的试验方法。适用于农药登记用杀虫剂室内生物测定试验
182	NY/T 1154.11—2008	农药室内生物测定试验准则 杀虫剂 第11部分：稻茎浸渍法 Guideline for laboratory bioassay of pesticides Part 11: Rice stemdipping method	规定了稻茎浸渍法测定杀虫剂生物活性的试验方法。适用于农药登记用杀虫剂防治刺吸式口器昆虫室内生物测定试验
183	NY/T 1154.12—2008	农药室内生物测定试验准则 杀虫剂 第12部分：叶螨玻片浸渍法 Guideline for laboratory bioassay of pesticides Part 12: Slide-dip method immersion	规定了叶螨玻片浸渍法测定杀螨剂活性的试验方法。适用于农药登记用杀螨剂室内生物测定试验

序号	标准编号 （被替代标准号）	标准名称	应用范围和要求
184	NY/T 1154.13—2008	农药室内生物测定试验准则 杀虫剂 第13部分：叶碟喷雾法 Guideline for laboratory bioassay of pesticides Part 13: Leaf-disc spraying method	规定了叶碟喷雾法测定杀螨剂活性的试验方法。适用于农药登记用杀螨剂活性测定室内生物测定试验
185	NY/T 1154.14—2008	农药室内生物测定试验准则 杀虫剂 第14部分：浸叶法 Guideline for laboratory bioassay of pesticides Part 14: Leaf-dipping method	规定了浸叶法测定杀螨剂活性的试验方法。适用于农药登记用杀虫剂活性测定室内生物测定试验
186	NY/T 1155.1—2006	农药室内生物测定试验准则 除草剂 第1部分：活性试验 平皿法 Pesticides guidelines for laboratory bioactivity tests Part 1: Petri dish test for herbicide bioactivity	规定了平皿法测定除草剂活性试验的基本要求和方法。适用于除草剂的生物活性和残留活性测定的农药登记室内试验
187	NY/T 1155.2—2006	农药室内生物测定试验准则 除草剂 第2部分：活性测定试验 玉米根长法 Pesticides guidelines for laboratory bioactivity tests Part 2: Corn root length test for herbicide bioactivity	规定了玉米根长法测定除草剂活性试验的基本要求和方法。适用于磺酰脲类、咪唑啉酮类、酰胺类等除草剂的生物活性和残留活性测定的农药登记室内试验

序号	标准编号 （被替代标准号）	标准名称	应用范围和要求
188	NY/T 1155.3—2006	农药室内生物测定试验准则 除草剂 第3部分：活性测定试验 土壤喷雾法 Pesticides guidelines for laboratory bioactivity tests Part 3: Soil spray application test for herbicide bioactivity	规定了土壤喷雾法测定除草剂活性试验的基本要求和方法。适用于除草剂土壤处理活性测定的农药登记室内试验
189	NY/T 1155.4—2006	农药室内生物测定试验准则 除草剂 第4部分：活性测定试验 茎叶喷雾法 Pesticides guidelines for laboratory bioactivity tests Part 4: Foliar spray application test for herbicide activity	规定了茎叶喷雾法测定除草剂活性试验的基本要求和方法。适用于茎叶处理除草剂活性测定的农药登记室内试验
190	NY/T 1155.5—2006	农药室内生物测定试验准则 除草剂 第5部分：水田除草剂土壤活性测定试验 浇灌法 Pesticides guidelines for laboratory bioactivity tests Part 5: Hydroponics test for paddy herbicide soil bioactivity	规定了浇灌法测定水田除草剂土壤处理活性试验的基本要求和方法。适用于水田除草剂土壤处理活性测定的农药登记室内试验

序号	标准编号 （被替代标准号）	标准名称	应用范围和要求
191	NY/T 1155.6—2006	农药室内生物测定试验准则 除草剂 第6部分：对作物的安全性试验 土壤喷雾法 Pesticides guidelines for laboratory bioactivity tests Part 6: Soil application test for crop safety of herbicide	规定了土壤喷雾法测定除草剂对作物安全性试验的基本要求和方法。适用于除草剂土壤处理对作物安全性测定的农药登记室内试验
192	NY/T 1155.7—2006	农药室内生物测定试验准则 除草剂 第7部分：混配的联合作用测定 Pesticides guidelines for laboratory bioactivity tests Part 7: Synergism evaluation of herbicide mixtures	规定了除草剂混配联合作用测定试验的基本要求和方法。适用于混配除草剂联合作用效果评价的农药登记室内试验
193	NY/T 1155.8—2007	农药室内生物测定试验准则 除草剂 第8部分：作物的安全性试验 茎叶喷雾法 Guideline for laboratory bioassay of pesticides Part 8: Foliar application test for herbicide crop safety evaluation	规定了茎叶喷雾处理法测定除草剂对作物安全性试验的基本要求和方法。适用于农药登记用除草剂茎叶喷雾处理对作物安全性测定的室内试验

序号	标准编号 （被替代标准号）	标准名称	应用范围和要求
194	NY/T 1155.9—2008	农药室内生物测定试验准则 除草剂 第9部分: 水田除草剂活性测定试验 茎叶喷雾法 Guideline for laboratory bioassay of pesticides Part 9: Foliar application test for paddy phytocidal activity	规定了喷雾法测定水田除草剂茎叶处理活性的基本要求和方法。适用于农药登记用水田除草剂茎叶活性测定的室内试验
195	NY/T 1156.1—2006	农药室内生物测定试验准则 杀菌剂 第1部分: 抑制病原真菌孢子萌发试验 玻片法 Pesticides guidelines for laboratory bioactivity tests Part 1: Determining fungicide inhibition of pathogen spore germination on concave slides	规定了杀菌剂抑制病原真菌孢子萌发试验的基本要求和方法。适用于杀菌剂对病原真菌孢子萌发抑制作用测定的农药登记室内试验
196	NY/T 1156.2—2006	农药室内生物测定试验准则 杀菌剂 第2部分: 抑制病原真菌菌丝生长试验 平皿法 Pesticides guidelines for laboratory bioactivity tests Part 2: Petri plate test for determining fungicide inhibition of mycelial growth	规定了平皿法测定杀菌剂抑制病原真菌菌丝生长试验的基本要求和方法。适用于杀菌剂对病原真菌菌丝在平板表面生长抑制作用测定的农药登记室内试验

序号	标准编号 （被替代标准号）	标准名称	应用范围和要求
197	NY/T 1156.3—2006	农药室内生物测定试验准则 杀菌剂 第3部分：抑制黄瓜霜霉病菌试验 平皿叶片法 Pesticides guidelines for laboratory bioactivity tests Part 3: Petri plate test for fungicide inhibition of *Pseudoperonospora cubensis* growth on detached leaves	规定了平皿叶片法测定杀菌剂对黄瓜霜霉病菌生物活性的基本要求和方法。适用于杀菌剂对黄瓜霜霉病生物活性测定的农药登记室内试验
198	NY/T 1156.4—2006	农药室内生物测定试验准则 杀菌剂 第4部分：防治小麦白粉病菌试验 盆栽法 Pesticides guidelines for laboratory bioactivity tests Part 4: Potted plant test for fungicide control of powdery mildew on wheat	规定了采用盆栽法测定杀菌剂防治小麦白粉病试验的基本要求和方法。适用于杀菌剂对小麦白粉病活性测定的农药登记室内试验
199	NY/T 1156.5—2006	农药室内生物测定试验准则 杀菌剂 第5部分：抑制水稻纹枯病菌试验 蚕豆叶片法 Pesticides guidelines for laboratory bioactivity tests Part 5: Detached leaf test for fungicide inhibition of *Rhizoctonia solani* on faba bean	规定了蚕豆叶片法测定杀菌剂对水稻纹枯病菌生物活性试验的基本要求和方法。适用于杀菌剂对水稻纹枯病菌生物活性测定的农药登记室内试验

（续）

序号	标准编号 （被替代标准号）	标准名称	应用范围和要求
200	NY/T 1156.6—2006	农药室内生物测定试验准则　杀菌剂　第6部分：混配的联合作用测定 Pesticides guidelines for laboratory bioactivity tests Part 6: Determining combined action of fungicide mixtures	规定了杀菌剂混配联合作用测定试验的基本要求和方法。适用于混配杀菌剂联合作用效果评价的农药登记室内试验
201	NY/T 1156.7—2006	农药室内生物测定试验准则　杀菌剂　第7部分：防治黄瓜霜霉病试验　盆栽法 Pesticides guidelines for laboratory bioactivity tests Part 7: Potted plant test for fungicide control of downy mildew on cucumber	规定了盆栽法测定杀菌剂防治黄瓜霜霉病试验的基本要求和方法。适用于杀菌剂对黄瓜霜霉病菌生物活性测定的农药登记室内试验
202	NY/T 1156.8—2007	农药室内生物测定试验准则　杀菌剂　第8部分：防治水稻稻瘟病试验　盆栽法 Guideline for laboratory bioassay of pesticides Part 8: Potted plant test for fungicide control *Pyricularia oryzae* Cav. on rice	规定了盆栽法测定杀菌剂防治水稻稻瘟病的试验方法。适用于农药登记用杀菌剂防治水稻稻瘟病菌的室内生物活性测定试验

序号	标准编号 （被替代标准号）	标准名称	应用范围和要求
203	NY/T 1156.9—2008	农药室内生物测定试验准则 杀菌剂 第9部分：抑制灰霉病菌试验 叶片法 Guideline for laboratory bioassay of pesticides Part 9: Detached leaf test for fungicide control *Botrytis cinerea* Pers.	规定了叶片法测定杀菌剂抑制灰霉病菌的试验方法。适用于农药登记用杀菌剂对黄瓜、番茄、草莓、葡萄等作物的灰霉病菌的室内生物活性测定试验
204	NY/T 1156.10—2008	农药室内生物测定试验准则 杀菌剂 第10部分：防治灰霉病试验 盆栽法 Guideline for laboratory bioassay of pesticides Part 10: Potted plant test for fungicide control *Botrytis cinerea* Pers.	规定了盆栽法测定杀菌剂防治灰霉病的试验方法。适用于农药登记用杀菌剂防治黄瓜、番茄、草莓、葡萄等作物灰霉病的室内生物活性测定试验
205	NY/T 1156.11—2008	农药室内生物测定试验准则 杀菌剂 第11部分：防治瓜类白粉病试验 盆栽法 Guideline for laboratory bioassay of pesticides Part 11: Potted plant test for fungicide control of powdery mildew [*Sphaerotheca fuliginea* (Sch.) Poll., *Erysiphe cichoracearum* DC.] on cucurbits	规定了盆栽法测定杀菌剂防治瓜类作物白粉病的试验方法。适用于农药登记用杀菌剂对瓜类作物白粉病菌的室内生物活性测定试验

序号	标准编号 （被替代标准号）	标准名称	应用范围和要求
206	NY/T 1156.12—2008	农药室内生物测定试验准则 杀菌剂 第12部分：防治晚疫病试验 盆栽法 Guideline for laboratory bioassay of pesticides Part 12: Potted plant test for fungicide control late blight [*Phytophthora infestans*（Mont.）de Bary］on potato and tomato	规定了盆栽法测定杀菌剂防治晚疫病试验的方法。适用于农药登记用杀菌剂防治番茄和马铃薯晚疫病的室内生物活性测定试验
207	NY/T 1156.13—2008	农药室内生物测定试验准则 杀菌剂 第13部分：抑制晚疫病菌试验 叶片法 Guideline for laboratory bioassay of pesticides Part 13: Detached leaf test for fungicide control late blight [*Phytophthora infestans*（Mont.）de Bary］on potato and tomato	规定了叶片法测定杀菌剂抑制晚疫病菌生物活性的试验方法。适用于农药登记用杀菌剂对番茄和马铃薯晚疫病菌的室内生物活性测定试验

序号	标准编号 （被替代标准号）	标准名称	应用范围和要求
208	NY/T 1156.14—2008	农药室内生物测定试验准则 杀菌剂 第14部分：防治瓜类炭疽病试验 盆栽法 Guideline for laboratory bioassay of pesticides Part 14: Potted plant test for fungicide control anthracnose [*Colletotrichum orbiculare* (Berk. & Mont.) Arx] on cucurbits	规定了盆栽法测定杀菌剂防治炭疽病的试验方法。适用于农药登记用杀菌剂对瓜类作物炭疽病的室内生物活性测定试验
209	NY/T 1156.15—2008	农药室内生物测定试验准则 杀菌剂 第15部分：防治麦类叶锈病试验 盆栽法 Guideline for laboratory bioassay of pesticides Part 15: Potted plant test for fungicide control leaf rust on cereals	规定了盆栽法测定杀菌剂防治麦类叶锈病的试验方法。适用于农药登记用杀菌剂防治小麦、大麦等麦类叶锈病菌的室内生物活性测定试验
210	NY/T 1156.16—2008	农药室内生物测定试验准则 杀菌剂 第16部分：抑制细菌生长量试验 浑浊度法 Guideline for laboratory bioassay of pesticides Part 16: The turbidimeter test for bactericide inhibit bacteria reproduction	规定了浑浊度法测定杀菌剂抑制细菌生长量的试验方法。适用于农药登记用杀菌剂抑制植物病原细菌生长的室内生物活性测定试验

序号	标准编号 （被替代标准号）	标准名称	应用范围和要求
211	NY/T 1464.1—2007	农药田间药效试验准则 第 1 部分：杀虫剂防治草地飞蝗 Guidelines on efficacy evaluation of pesticides Part 1: Insecticides against migratory locust	规定了杀虫剂防治草地飞蝗田间药效试验的方法和基本要求。适用于杀虫剂防治草地（农田、非耕地）飞蝗（东亚飞蝗、亚洲飞蝗、西藏飞蝗）的登记用田间药效试验及药效评价
212	NY/T 1464.2—2007	农药田间药效试验准则 第 2 部分：杀虫剂防治水稻稻水象甲 Guidelines on efficacy evaluation of pesticides Part 2: Insecticides against rice water weevil	规定了杀虫剂防治水稻稻水象甲登记用田间药效试验的方法和基本要求。适用于杀虫剂防治水稻稻水象甲登记用田间药效试验及药效评价
213	NY/T 1464.3—2007	农药田间药效试验准则 第 3 部分：杀虫剂防治棉盲蝽 Guidelines on efficacy evaluation of pesticides Part 3: Insecticides against cotton plant bug	规定了杀虫剂防治棉盲蝽登记用田间药效试验的方法和基本要求。适用于杀虫剂防治棉盲蝽（绿盲蝽、中黑盲蝽、苜蓿盲蝽、三点苜蓿盲蝽和牧草盲蝽）的登记用田间药效试验及药效评价

序号	标准编号 （被替代标准号）	标准名称	应用范围和要求
214	NY/T 1464.4—2007	农药田间药效试验准则 第4部分：杀虫剂防治梨黄粉蚜 Guidelines on efficacy evaluation of pesticides Part 4: Insecticides against pear phylloxera	规定了杀虫剂防治梨黄粉蚜田间药效试验的方法和基本要求。适用于杀虫剂防治梨树梨黄粉蚜的登记用田间药效试验及药效评价
215	NY/T 1464.5—2007	农药田间药效试验准则 第5部分：杀虫剂防治苹果绵蚜 Guidelines on efficacy evaluation of pesticides Part 5: Insecticides against apple woolly aphid	规定了杀虫剂防治苹果绵蚜田间药效试验的方法和基本要求。适用于杀虫剂防治苹果树苹果绵蚜登记用田间药效试验及药效评价
216	NY/T 1464.6—2007	农药田间药效试验准则 第6部分：杀虫剂防治蔬菜蓟马 Guidelines on efficacy evaluation of pesticides Part 6: Insecticides against Thrips on vegetables	规定了杀虫剂防治蔬菜蓟马田间药效试验的方法和基本要求。适用于杀虫剂防治茄果类、瓜类、十字花科类、葱蒜类蔬菜上棕榈蓟马、黄蓟马、烟蓟马、葱蓟马等的登记用田间药效试验及药效评价

序号	标准编号 （被替代标准号）	标准名称	应用范围和要求
217	NY/T 1464.7—2007	农药田间药效试验准则 第 7 部分：杀菌剂防治烟草炭疽病 Guidelines on efficacy evaluation of pesticides Part 7: Fungicides against anthracnose of tobacco	规定了杀菌剂防治烟草炭疽病田间药效试验的方法和要求。适用于杀菌剂防治烟草炭疽病的登记用田间药效试验及评价
218	NY/T 1464.8—2007	农药田间药效试验准则 第 8 部分：杀菌剂防治番茄病毒病 Guidelines on efficacy evaluation of pesticides Part 8: Fungicides against virus disease of tomato	规定了杀菌剂防治番茄病毒病田间药效试验的方法和要求。适用于杀菌剂防治番茄病毒病〔烟草花叶病毒、黄瓜花叶病毒〕的登记用田间药效试验及评价
219	NY/T 1464.9—2007	农药田间药效试验准则 第 9 部分：杀菌剂防治辣椒病毒病 Guidelines on efficacy evaluation of pesticides Part 9: Fungicides against virus disease of pepper	规定了杀菌剂防治辣椒病毒病田间药效试验的方法和要求。适用于杀菌剂防治辣椒病毒病（黄瓜花叶病毒、烟草花叶病毒、马铃薯 Y 病毒、苜蓿花叶病毒、辣椒斑驳病毒等）的登记用田间药效小区试验及评价

序号	标准编号 （被替代标准号）	标准名称	应用范围和要求
220	NY/T 1464.10—2007	农药田间药效试验准则 第 10 部分：杀菌剂防治蘑菇湿泡病 Guidelines on efficacy evaluation of pesticides Part 10: Fungicides against wet bubble disease of mushrooms	规定了杀菌剂防治蘑菇湿泡病（又称白腐病、疣泡病、菇湿泡病）田间药效试验的方法和要求。适用于杀菌剂防治蘑菇湿泡病的登记用田间药效试验及评价
221	NY/T 1464.11—2007	农药田间药效试验准则 第 11 部分：杀菌剂防治香蕉黑星病 Guidelines on efficacy evaluation of pesticides Part 11: Fungicides against black spot of banana	规定了杀菌剂防治香蕉黑星病田间药效试验的方法和要求。适用于杀菌剂防治香蕉黑星病的登记用田间药效试验及评价
222	NY/T 1464.12—2007	农药田间药效试验准则 第 12 部分：杀菌剂防治葡萄白粉病 Guidelines on efficacy evaluation of pesticides Part 12: Fungicides against powdery mildew of grape	规定了杀菌剂防治葡萄白粉病田间药效试验的方法和要求。适用于杀菌剂防治葡萄白粉病的登记用田间药效试验及评价

序号	标准编号 （被替代标准号）	标准名称	应用范围和要求
223	NY/T 1464.13—2007	农药田间药效试验准则 第 13 部分：杀菌剂防治葡萄炭疽病 Guidelines on efficacy evaluation of pesticides Part 13: Fungicides against anthracnose of grape	规定了杀菌剂防治葡萄炭疽病田间药效试验的方法和要求。适用于杀菌剂防治葡萄炭疽病的登记用田间药效试验及评价
224	NY/T 1464.14—2007	农药田间药效试验准则 第 14 部分：杀菌剂防治水稻立枯病 Guidelines on efficacy evaluation of pesticides Part 14: Fungicides against damping-off of rice	规定了杀菌剂防治水稻立枯病田间药效试验的方法和要求。适用于杀菌剂防治水稻立枯病的登记用田间药效试验及评价
225	NY/T 1464.15—2007	农药田间药效试验准则 第 15 部分：杀菌剂防治小麦赤霉病 Guidelines on efficacy evaluation of pesticides Part 15: Fungicides against fusarium head blight of wheat	规定了杀菌剂防治小麦赤霉病田间药效试验的方法和要求。适用于杀菌剂防治小麦赤霉病的登记用田间药效试验及评价

序号	标准编号 （被替代标准号）	标准名称	应用范围和要求
226	NY/T 1464.16—2007	农药田间药效试验准则 第 16 部分：杀菌剂防治小麦根腐病 Guidelines on efficacy evaluation of pesticides Part 16: Fungicides against root rot of wheat	规定了杀菌剂防治小麦根腐病田间药效试验的方法和要求。适用于杀菌剂防治小麦根腐病的登记用田间药效试验及评价
227	NY/T 1464.17—2007	农药田间药效试验准则 第 17 部分：除草剂防治绿豆田杂草 Guidelines on efficacy evaluation of pesticides Part 17: Herbicide control weed in mung bean field	规定了除草剂防治绿豆田杂草田间药效试验的方法和基本要求。适用于除草剂防治绿豆田杂草的登记用田间药效试验及药效评价
228	NY/T 1464.18—2007	农药田间药效试验准则 第 18 部分：除草剂防治芝麻田杂草 Guidelines on efficacy evaluation of pesticides Part 18: Herbicide control weed in gingeli field	规定了除草剂防治芝麻田杂草田间药效试验的方法和基本要求。适用于除草剂防治芝麻田杂草的登记用田间药效试验及药效评价

序号	标准编号 (被替代标准号)	标准名称	应用范围和要求
229	NY/T 1464.19—2007	农药田间药效试验准则 第19部分：除草剂防治枸杞田杂草 Guidelines on efficacy evaluation of pesticides Part 19: Herbicide control weed in medlar field	规定了除草剂防治枸杞田杂草田间药效试验的方法和基本要求。适用于除草剂防治枸杞田杂草的登记用田间药效试验及药效评价
230	NY/T 1464.20—2007	农药田间药效试验准则 第20部分：除草剂防治番茄田杂草 Guidelines on efficacy evaluation of pesticides Part 20: Herbicide control weed in tomato field	规定了除草剂防治番茄田杂草田间药效试验的方法和基本要求。适用于除草剂防治露地和保护地栽培番茄田杂草的登记用田间药效试验及药效评价
231	NY/T 1464.21—2007	农药田间药效试验准则 第21部分：除草剂防治黄瓜田杂草 Guidelines on efficacy evaluation of pesticides Part 21: Herbicide control weed in cucumber field	规定了除草剂防治黄瓜田杂草田间药效试验的方法和基本要求。适用于除草剂防治露地和保护地栽培黄瓜田杂草的登记用田间药效试验及药效评价

序号	标准编号 （被替代标准号）	标准名称	应用范围和要求
232	NY/T 1464.22—2007	农药田间药效试验准则 第 22 部分：除草剂防治大蒜田杂草 Guidelines on efficacy evaluation of pesticides Part 22: Herbicide control weed in garlic field	规定了除草剂防治大蒜田杂草田间药效试验的方法和基本要求。适用于除草剂防治大蒜田杂草的登记用田间药效试验及药效评价
233	NY/T 1464.23—2007	农药田间药效试验准则 第 23 部分：除草剂防治苜蓿田杂草 Guidelines on efficacy evaluation of pesticides Part 23: Herbicide control weed in clover field	规定了除草剂防治苜蓿田杂草田间药效试验的方法和基本要求。适用于除草剂防治苜蓿（春、夏、秋播，菜、饲用，紫、黄花等）田杂草的登记用田间药效试验和评价
234	NY/T 1464.24—2007	农药田间药效试验准则 第 24 部分：除草剂防治红小豆田杂草 Guidelines on efficacy evaluation of pesticides Part 24: Herbicide control weed in red bean field	规定了除草剂防除红小豆田杂草田间药效试验的方法和基本要求。适用于除草剂防除红小豆田杂草的登记用田间药效试验及药效评价

序号	标准编号 （被替代标准号）	标准名称	应用范围和要求
235	NY/T 1464.25—2007	农药田间药效试验准则 第 25 部分：除草剂防治烟草苗床杂草 Guidelines on efficacy evaluation of pesticides Part 25: Herbicide control weed in tobacco seedbed	规定了除草剂防治烟草苗床杂草田间药效试验的方法和基本要求。适用于除草剂防治烟草苗床杂草的登记用田间药效试验及药效评价
236	NY/T 1464.26—2007	农药田间药效试验准则 第 26 部分：棉花催枯剂试验 Guidelines on efficacy evaluation of pesticides Part 26: Defoliant trial on cotton	规定了棉花催枯剂田间药效试验的方法和基本要求。适用于棉花催枯剂在春、夏播棉田催枯、脱叶登记用田间药效试验及药效评价
237	NY/T 1617—2008	农药登记用杀钉螺剂药效试验方法和评价 Efficacy test methods and evaluation of molluscicide for pesticide registration	规定了杀钉螺剂室内和现场浸杀、喷洒药效评价指标。适用于农药登记用卫生杀钉螺剂（包括天然源和化学合成杀螺剂）

（三）毒理学试验方法

序号	标准编号 （被替代标准号）	标准名称	应用范围和要求
1	GB 15193.1—2003 (GB 15193.1—1994)	食品安全性毒理学评价程序 Procedures for toxicological assessment of food	规定了食品安全性毒理学评价的程序。适用于评价食品生产、加工、保藏、运输和销售过程中所涉及的可能对健康造成危害的化学、生物和物理因素的安全性，评价对象包括食品添加剂（含营养强化剂）、食品新资源及其成分、新资源食品、辐照食品、食品容器与包装材料、食品工具、设备、洗涤剂、消毒剂、农药残留、兽药残留、食品工业用微生物等

（续）

序号	标准编号 （被替代标准号）	标准名称	应用范围和要求
2	GB 15193.18—2003 （GB 15193.18—1994）	日容许摄入量（ADI）的制定 Acceptable daily intake estimation	规定了食品与食品有关的化学物质日容许摄入量（ADI）的制定方法。适用于食品生产、加工、保藏、运输和销售过程中所涉及的可能对健康造成危害的化学物质，包括食品添加剂（含营养强化剂）、食品容器与包装材料、食品工具、设备、洗涤剂、消毒剂、农药残留、兽药残留等
3	GB 16670—1995	农药登记毒理学试验方法 Toxicological test methods of pesticides for registration	规定了农药登记毒理学试验的方法［急性：经口、经皮、吸入、皮肤刺激、眼刺激、皮肤变态反应（致敏），亚急性：经口、经皮/吸入、亚慢性：经口、致突变、慢性：迟发性神经毒性、两代繁殖、致畸、致癌、毒物代谢动力学等试验］，条件和基本要求。适用于为农药登记进行的毒理学试验

（四）残留检测方法

| 1 | GB 2795—81 | 出口冻兔肉六六六、滴滴涕残留量检验方法
Methods of analysis BHC and DDT residues in export rabbit meat | 适用于测定冻兔肉六六六、滴滴涕的残留量［气相色谱法］ |

序号	标准编号 （被替代标准号）	标准名称	应用范围和要求
2	GB/T 5009.19—2003 （GB/T 5009.19—1996）	食品中六六六、滴滴涕残留量的测定 Determination of HCH and DDT residues in foods	规定了食品中六六六、滴滴涕残留量的测定方法。适用于各类食品中六六六、滴滴涕残留量的测定。方法检出限（μg/kg）：[气相色谱法]：α-HCH 0.038，β-HCH 0.16，γ-HCH 0.047，δ-HCH 0.070，p，p'-DDE 0.23，o，p'-DDT 0.50，p，p'-DDD 1.8，p，p'-DDT 2.1， [薄层色谱法]：0.02μg，线性范围：0.02～0.20μg
3	GB/T 5009.20—2003 （GB/T 5009.20—1996）	食品中有机磷农药残留量的测定 Determination of organophosphorus pesticide residues in foods 第一法：水果、蔬菜、谷类中有机磷农药的多残留测定	规定了水果、蔬菜、谷类中16种有机磷农药的残留量测定方法[气相色谱法]。适用于使用过敌敌畏等16种有机磷农药的水果、蔬菜、谷类等作物的残留量分析。方法检出限（mg/kg）：敌敌畏 0.005，速灭磷 0.004，久效磷 0.014，甲拌磷 0.004，巴胺磷 0.011，二嗪磷 0.003，乙嘧硫磷 0.003，甲基嘧啶磷 0.004，甲基对硫磷 0.004，稻温净 0.004，水胺硫磷 0.005，氧化喹硫磷 0.025，稻丰散 0.017，甲喹硫磷 0.014，克线磷 0.009，乙硫磷 0.014
		第二法：粮、菜、油中有机磷农药残留的测定	规定了粮食、蔬菜、食用油中敌敌畏等9种有机磷农药的残留量测定方法[气相色谱法]。适用于干粮食、蔬菜、食用油使用过敌敌畏、乐果、对硫磷、甲拌磷、杀螟硫磷、倍硫磷、虫螨磷、马拉硫磷、稻温净等农药的残留量分析。方法检出限：0.01～0.03mg/kg

（续）

序号	标准编号 （被替代标准号）	标准名称	应用范围和要求
3	GB/T 5009.20—2003 （GB/T 5009.20—1996）	第三法：肉类、鱼类中有机磷农药残留的测定	规定了肉类、鱼类中 4 种有机磷农药的残留量测定方法 [气相色谱法]。适用于肉类、鱼类中使用过敌敌畏等 4 种有机磷农药的残留量分析。方法检出限（mg/kg）：敌敌畏 0.03，马拉硫磷 0.015，乐果 0.015，对硫磷 0.008
4	GB/T 5009.21—2003	粮、油、菜中甲萘威残留量的测定 Determination of carbaryl residues in cereals, oils and vegetables	规定了粮食、油、油料及蔬菜中甲萘威残留量的测定方法。适用于粮食、油、油料及蔬菜中甲萘威农药的残留测定。方法检出限：[液相色谱法] 0.5mg/kg，[比色法] 5mg/kg
5	GB/T 5009.73—2003	粮食中二溴乙烷残留量的测定 Determination of ethylene dibromide residues in grains	规定了用二溴乙烷熏蒸粮食中二溴乙烷残留量的测定方法 [气相色谱法]。适用于用二溴乙烷熏蒸粮食中二溴乙烷的残留测定
6	GB/T 5009.102—2003 （GB 14875—1994）	植物性食品中辛硫磷农药残留量的测定 Determination of phoxim pesticide residues in vegetable foods	规定了谷类、蔬菜、水果中辛硫磷残留量的测定方法 [气相色谱法]。适用于谷类、蔬菜、水果中辛硫磷农药的残留量测定。方法检出限：0.01mg/kg
7	GB/T 5009.103—2003 （GB 14876—1994）	植物性食品中甲胺磷和乙酰甲胺磷农药残留量的测定 Determination of methamidophos and acephate pesticide residues in vegetable foods	规定了谷物、蔬菜和植物油中甲胺磷和乙酰甲胺磷杀虫剂残留量的测定方法 [气相色谱法]。适用于谷物、蔬菜和植物油中甲胺磷和乙酰甲胺磷的残留量测定

（续）

序号	标准编号 (被替代标准号)	标准名称	应用范围和要求
8	GB/T 5009.104—2003 (GB 14877—1994)	植物性食品中氨基甲酸酯类农药残留量的测定 Determination of carbamate pesticide residues in vegetable foods	规定了粮食、蔬菜中 6 种氨基甲酸酯杀虫剂残留量的测定方法〔气相色谱法〕。适用于粮食、蔬菜中 6 种氨基甲酸酯杀虫剂的残留分析。方法检出限（mg/kg）：速灭威 0.02，异丙威 0.02，残杀威 0.03，克百威 0.05，抗蚜威 0.02，甲萘威 0.10
9	GB/T 5009.105—2003 (GB 14878—1994)	黄瓜中百菌清残留量的测定 Determination of chlorothalonil residues in cucumber	规定了黄瓜中百菌清残留量的测定方法〔气相色谱法〕。适用于使用过百菌清农药的黄瓜的残留量的测定。方法检出限：0.048mg/kg
10	GB/T 5009.106—2003 (GB 14878—1994)	植物性食品中二氯苯醚菊酯残留量的测定（氯菊酯） Determination of permethrin residues in cucumber	规定了植物性食品中氯菊酯残留量的测定方法〔气相色谱法〕。适用于粮食、蔬菜、水果中氯菊酯残留量的测定。方法检出限：0.05～2.00mg/kg
11	GB/T 5009.107—2003 (GB 14879—1994)	植物性食品中二嗪磷残留量的测定 Determination of diazinon residues in vegetable foods	规定了谷物、蔬菜、水果中二嗪磷残留量的测定方法〔气相色谱法〕。适用于使用过二嗪磷农药制剂的谷物、蔬菜、水果等植物性食品的残留量测定。方法检出限：0.01mg/kg
12	GB/T 5009.109—2003 (GB/T 14929.3—1994)	柑橘中水胺硫磷残留量的测定 Determination of isocarbophos residues in orange	规定了柑橘中水胺硫磷残留量的测定方法〔气相色谱法〕。适用于柑橘中水胺硫磷农药的残留量分析。方法检出限：0.02mg/kg

· 133 ·

序号	标准编号 （被替代标准号）	标准名称	应用范围和要求
13	GB/T 5009.110—2003 （GB/T 14929.4—1994）	植物性食品中氯氰菊酯、氰戊菊酯和溴氰菊酯残留量的测定 Determination of cypermethrin, fenvalerate and deltamethrin residues in vegetable foods	规定了谷类和蔬菜中氯氰菊酯等 3 种菊酯的测定方法 [气相色谱法]。适用于谷类和蔬菜中氯氰菊酯等 3 种菊酯的多残留分析。方法检出限（μg/kg）：氯氰菊酯 2.1，氰戊菊酯 3.1，溴氰菊酯 0.88
14	GB/T 5009.112—2003 （GB/T 14929.6—1994）	大米和柑橘中喹硫磷残留量的测定 Determination of quinalphos residues in rice and orange	规定了大米和柑橘中喹硫磷的测定方法 [气相色谱法]。适用于大米、柑橘中喹硫磷的残留量测定。方法检出限：0.03mg/kg
15	GB/T 5009.113—2003 （GB/T 14929.7—1994）	大米中杀虫环残留量的测定 Determination of thiocyclam residues in rice	规定了大米中杀虫环的测定方法 [气相色谱法]。适用于大米中杀虫环的残留量测定。方法检出限：0.5~2.0mg/kg
16	GB/T 5009.114—2003 （GB/T 14929.8—1994）	大米中杀虫双残留量的测定 Determination of bisultap residues in rice	规定了大米中杀虫双和沙蚕毒素的测定方法 [气相色谱法]。适用于大米中杀虫双、沙蚕毒素残留量测定。方法检出限：0.002mg/kg
17	GB/T 5009.115—2003 （GB/T 14929.9—1994）	稻谷中三环唑残留量的测定 Determination of tricyclazole residues in rice	规定了稻谷中三环唑的残留量测定方法 [气相色谱法]。适用于稻谷中三环唑的残留量测定。方法检出限：0.05~2.00mg/kg
18	GB/T 5009.126—2003 （GB/T 14973—1994）	植物性食品中三唑酮残留量的测定 Determination of triadimefon residues in vegetable foods	规定了粮食、蔬菜和水果中三唑酮残留量的测定方法 [气相色谱法]。适用于使用过三唑酮的粮食、蔬菜和水果的残留量的测定。方法检出限：0.05~2.00mg/kg

序号	标准编号 （被替代标准号）	标准名称	应用范围和要求
19	GB/T 5009.129—2003 （GB/T 15518—1995）	水果中乙氧基喹残留量的测定（乙氧喹啉） Determination of ethoxyquin residues in fruits	规定了水果中乙氧喹啉残留量检验的抽样、试样的制备和测定方法［气相色谱法］。适用于苹果等水果中乙氧喹啉残留量的测定。方法检出限：0.05mg/kg
20	GB/T 5009.130—2003 （GB/T 16337—1996）	大豆及谷物中氟磺胺草醚残留量的测定 Determination of fomesafen residues in soybeans and cereals	规定了大豆及谷物中氟磺胺草醚残留量的测定方法［液相色谱法］。适用于大豆及谷物中氟磺胺草醚残留量的测定。方法检出限：0.02mg/kg，线性范围：5～320ng
21	GB/T 5009.131—2003 （GB/T 16337—1996）	植物性食品中亚胺硫磷残留量的测定 Determination of phosmet residues in vegetable foods	规定了稻谷、小麦、蔬菜中亚胺硫磷残留量的测定方法［气相色谱法］。适用于稻谷、小麦、蔬菜中亚胺硫磷残留量的测定。方法检出限：0.05～2.00mg/kg
22	GB/T 5009.132—2003 （GB/T 16336—1996）	食品中莠去津残留量的测定 Determination of atrazine residues in foods	规定了食品中莠去津残留量的测定方法［气相色谱法］。适用于使用过该除草剂的甘蔗和玉米中莠去津残留量的测定。方法检出限：0.03mg/kg，线性范围：0.40～2.00ng
23	GB/T 5009.133—2003 （GB/T 16338—1996）	粮食中绿麦隆残留量的测定 Determination of chlorotoluron residues in grains	规定了粮食中绿麦隆残留量的检验方法［气相色谱法］。适用于使用过该除草剂的小麦、玉米和大豆中绿麦隆残留量的测定。方法检出限：0.01mg/kg，线性范围：0.04～2.00mg

（续）

序号	标准编号 （被替代标准号）	标准名称	应用范围和要求
24	GB/T 5009.134—2003 (GB/T 16339—1996)	大米中禾草敌残留量的测定 Determination of molinate residues in rice	规定了大米中禾草敌残留量的测定方法［气相色谱法］。适用于使用过禾草敌作为除草剂的大米中禾草敌残留量的测定。方法检出限：0.01mg/kg，线性范围：0.10~1.0μg/mL
25	GB/T 5009.135—2003 (GB/T 16340—1996)	植物性食品中灭幼脲残留量的测定 Determination of chlorbenzuron residues in vegetable foods	规定了植物性食品中灭幼脲残留量的测定方法［液相色谱法］。适用于粮食、蔬菜、水果中灭幼脲的测定。方法检出限：0.03mg/kg，线性范围：1~10ng
26	GB/T 5009.136—2003 (GB/T 16340—1996)	植物性食品中五氯硝基苯残留量的测定 Determination of quintozene residues in vegetable foods	规定了食品中五氯硝基苯残留量的测定方法［气相色谱法］。适用于粮食、蔬菜中五氯硝基苯残留量的测定。方法检出限（mg/kg）：粮食 0.005、蔬菜 0.01，线性范围：0.005~0.150μg/mL
27	GB/T 5009.142—2003 (GB/T 17328—1998)	植物性食品中吡氟禾草灵、精吡氟禾草灵残留量的测定 Determination of fluazifop-butyl and its acid residues in vegetable food	规定了植物性食品中吡氟禾草灵和精吡氟禾草灵残留量的测定方法［气相色谱法］。适用于甜菜田、大豆田一次喷洒化学除草剂吡氟禾草灵和精吡氟禾草灵收获后的甜菜、大豆。也适用于吡氟禾草灵酸的测定。方法检出限：0.05~2.00mg/kg
28	GB/T 5009.143—2003 (GB/T 17329—1998)	蔬菜、水果、食用油中双甲脒残留量的测定 Determination of amitraz residues in vegetables, fruits, edible oil	规定了蔬菜、水果、食用油中双甲脒残留量的测定方法［气相色谱法］。适用于蔬菜、水果、食用油中双甲脒（及代谢物）残留量的测定。方法检出限：0.02mg/kg，线性范围：0.0~1.0ng

序号	标准编号 （被替代标准号）	标准名称	应用范围和要求
29	GB/T 5009.144—2003 （GB/T 17330—1998）	植物性食品中甲基异柳磷残留量的测定 Determination of isofenphos-methyl residues in vegetable foods	规定了粮食、蔬菜、油料作物中甲基异柳磷残留量的测定方法［气相色谱法］。适用于粮食、蔬菜、油料作物中甲基异柳磷残留量的测定。方法检出限：0.004mg/kg，线性范围：0～5.0μg/mL
30	GB/T 5009.145—2003 （GB/T 17331—1998）	植物性食品中有机磷和氨基甲酸酯类农药多种残留的测定 Determination of organophosphorus and carbamate pesticide multiresidues in vegetable foods	规定了粮食、蔬菜中16种有机磷和氨基甲酸酯农药残留量的测定方法［气相色谱法］。适用于使用过敌敌畏等20种有机磷及氨基甲酸酯类农药的粮食、蔬菜等作物的残留量分析。方法检出限（μg/kg）：敌敌畏4，乙酰甲胺磷2，甲基内吸磷4，甲拌磷2，久效磷10，乐果2，甲基对硫磷2，马拉硫磷8，毒死蜱8，甲基嘧啶磷8，倍硫磷6，马拉硫磷6，对硫磷8，杀扑磷8，克线磷10，乙硫磷6，速灭威8，异丙威4，仲丁威15，甲萘威4
31	GB/T 5009.146—2003 （GB/T 17332—1998）	植物性食品中有机氯和拟除虫菊酯类农药多种残留的测定 Determination of organochlorines and pyrethroid pesticide multiresidues in vegetable food	规定了粮食、蔬菜中16种有机氯和拟除虫菊酯农药残留量的测定方法［气相色谱法］。适用于使用过六六六等有机氯及拟除虫菊酯类农药的粮食、蔬菜等作物的残留分析。方法检出限（μg/kg）：α-666 0.1，β-666 0.2，γ-666 0.6，δ-666 0.6，七氯 0.8，艾氏剂 0.8，p，p'-DDT 1.0，p，p'-DDD 1.0，p，p'-DDE 0.8，o，p'-DDT 1.0，高效氟氯氰菊酯 0.8，氯菊酯 16，氰戊菊酯3.0，溴氰菊酯 1.6

（续）

序号	标准编号 （被替代标准号）	标准名称	应用范围和要求
32	GB/T 5009.147—2003 （GB/T 17333—1998）	植物性食品中除虫脲残留量的测定 Determination of diflubenzuron residues in vegetable foods	规定了植物性食品中除虫脲残留量的测定方法［液相色谱法］。适用于粮食、蔬菜、水果中除虫脲的测定。方法检出限：0.04mg/kg，线性范围：1～10ng
33	GB/T 5009.155—2003 （GB/T 17408—1998）	大米中稻瘟灵残留量的测定 Determination of isoprothiolane residues in rice	规定了大米中稻瘟灵残留量的测定方法［气相色谱法］。适用于大米中稻瘟灵的残留量分析。方法检出限：0.013mg/kg，线性范围：0～15ng
34	GB/T 5009.160—2003	水果中单甲脒残留量的测定 Determination of semiamitraz residues in fruits	规定了单甲脒在水果中单甲脒残留量测定方法［液相色谱法］。适用于水果中单甲脒残留量的测定。方法检出限：0.025mg/kg，线性范围：0.2～1000μg/mL
35	GB/T 5009.161—2003	动物性食品中有机磷农药多组分残留量的测定 Determination of organophosphorus pesticide multiresidues in animal foods	规定了动物性食品中13种常用有机磷农药多组分残留量测定方法［气相色谱法］。适用于畜禽肉及其制品、乳与乳制品、蛋与蛋制品中13种常用有机磷农药多组分残留量测定方法。方法检出限（μg/kg）：甲胺磷10.0、乙酰甲胺磷3.5、久效磷12.0、乐果2.6、敌敌畏5.7、乙拌磷1.2、甲基对硫磷2.6、杀螟硫磷2.9、甲基嘧啶磷2.5、马拉硫磷2.8、倍硫磷2.6、对硫磷2.1、乙硫磷1.7

（续）

序号	标准编号 （被替代标准号）	标准名称	应用范围和要求
36	GB/T 5009.162—2003	动物性食品中有机氯农药和拟除虫菊酯农药多组分残留量的测定 Determination of organochlorine and pyrethroid pesticides multiresidues in animal foods	规定了动物性食品中20种常用有机氯农药和拟除虫菊酯农药多残留的测定方法［气相色谱法］。适用于肉类、蛋类及乳类动物性食品中20种常用有机氯农药和拟除虫菊酯农药残留量的分析。方法检出限（μg/kg）：α-六六六 0.25，β-六六六 0.50，γ-六六六 0.25，δ-六六六 0.25，五氯硝基苯 0.25，七氯 0.50，环氧七氯 0.50，艾氏剂 0.25，狄氏剂 0.50，除螨酯 1.25，杀螨酯 1.25，p，p'-DDT 0.50，o，p'-DDT 0.50，p，p'-DDE 0.60，p，p'-DDD 0.75，胺菊酯 12.50，氯菊酯 7.50，氯氰菊酯 2.00，α-氯皮菊酯 2.50，溴氰菊酯 2.50
37	GB/T 5009.163—2003	动物性食品中氨基甲酸酯类农药多组分残留高效液相色谱测定 Determination of carbamate pesticides multiresidues in animal foods（HPLC）	规定了动物性食品中5种氨基甲酸酯类农药残留量的测定方法［液相色谱法］。适用于肉类、蛋类及乳类食品中氨基甲酸酯类农药残留量测定。方法检出限（μg/kg）：涕灭威 9.8，速灭威 7.8，呋喃丹 7.3，甲萘威 3.2，异丙威 13.3
38	GB/T 5009.164—2003	大米中丁草胺残留量的测定 Determination of butachlor residues in rice	规定了大米中丁草胺残留量的测定方法［气相色谱法］。适用于大米中丁草胺残留量的测定
39	GB/T 5009.165—2003	粮食中2,4-滴丁酯残留量的测定 Determination of 2,4-D butylate residues in grains	规定了粮食中2,4-滴丁酯残留量的测定方法［气相色谱法］。适用于粮食中2,4-滴丁酯残留量的测定。方法检出量：0.025mg/kg

序号	标准编号 （被替代标准号）	标准名称	应用范围和要求
40	GB/T 5009.172—2003	大豆、花生、豆油、花生油中的氟乐灵残留量的测定 Determination of trifluralin residues in soybean, peanut, soybean oil, peanut oil	规定了大豆、花生、豆油、花生油中氟乐灵残留量的测定方法［气相色谱法］。适用于大豆、花生、豆油、花生油中氟乐灵残留量的测定。方法检出限：0.01～0.10μg/mL
41	GB/T 5009.173—2003	梨果类、柑橘类水果中噻螨酮残留量的测定 Determination of hexythiazox residues in pome and citrous fruits	规定了梨果类、柑橘类水果中噻螨酮的测定方法［液相色谱法］。适用于梨果类、柑橘类水果中噻螨酮的测定。方法检出量：0.05mg/kg
42	GB/T 5009.174—2003	花生、大豆中异丙甲草胺残留量的测定 Determination of metolachlor residues in peanut and soybean	规定了花生、大豆中异丙甲草胺残留量的测定方法［气相色谱法］。适用于花生、大豆中异丙甲草胺的测定。方法检出限：0.04mg/kg
43	GB/T 5009.175—2003	粮食和蔬菜中2,4-滴残留量的测定 Determination of 2, 4 - D in grains and vegetables	规定了粮食和蔬菜中2,4-滴残留量的测定方法［气相色谱法］。适用于粮食食品和蔬菜中2,4-滴残留量的测定。方法检出限：蔬菜 0.008mg/kg，原粮 0.013mg/kg，线性范围：0.01～10ng
44	GB/T 5009.176—2003	茶叶、水果、食用植物油中三氯杀螨醇残留量的测定 Determination of dicofol residues in tea, fruits, edible vegetable oils	规定了茶叶、水果、食用植物油中三氯杀螨醇残留量的测定方法［气相色谱法］。适用于茶叶、水果、食用植物油中三氯杀螨醇残留量的测定。方法检出限：0.016mg/kg，线性范围：0.008～1.0ng

序号	标准编号 （被替代标准号）	标准名称	应用范围和要求
45	GB/T 5009.177—2003	大米中敌稗残留量的测定 Determination of propanil residues in rice	规定了大米中敌稗残留量的测定方法 [气相色谱法]。适用于大米中敌稗残留量的测定。方法检出限：0.002ng，检测浓度：0.4μg/kg，线性范围：0.01～8.0ng
46	GB/T 5009.180—2003	稻谷、花生仁中噁草酮残留量的测定 Determination of oxadiazon residues in cereals and peanuts	规定了稻谷、花生仁中噁草酮残留量的测定方法 [气相色谱法]。适用于稻谷、花生仁中噁草酮残留量的测定。方法检出限：0.005mg/kg，线性范围：0.01～0.1μg/mL
47	GB/T 5009.184—2003 （GB 14970—1994）	粮食、蔬菜中噻嗪酮残留量的测定 Determination of buprofezin in cereals and vegetables	规定了食品中噻嗪酮残留量的测定方法 [气相色谱法]。适用于喷洒噻嗪酮后的粮食和蔬菜中噻嗪酮残留量的测定。方法检出限：0.05～2.00mg/kg
48	GB/T 5009.188—2003 （GB/T 5009.38—1996）	蔬菜、水果中甲基托布津、多菌灵的测定（甲基硫菌灵） Determination of thiophanate-methyl, carbendazim in vegetables and fruits	规定了蔬菜、水果中甲基硫菌灵、多菌灵，水果中甲基硫菌灵、多菌灵的测定方法 [紫外分光光度法]。适用于蔬菜、水果中甲基硫菌灵、多菌灵的测定。方法检出限：0.05～5.00mg/kg

序号	标准编号（被替代标准号）	标准名称	应用范围和要求
49	GB/T 5009.199—2003	蔬菜中有机磷和氨基甲酸酯类农药残留量的快速检测 Rapid determination for organophosphate and carbamate pesticide residues in vegetables	规定了由酶抑制法测定蔬菜中有机磷和氨基甲酸酯类农药残留量的快速检验检测方法。适用于蔬菜中有机磷和氨基甲酸酯类农药残留量的快速筛选测定。方法检出限（mg/kg）：[速测卡法（纸片法）]：甲胺磷1.7，对硫磷1.7，水胺硫磷3.1，马拉硫磷2.0，氧化乐果2.3，乙酰甲胺磷3.5，敌敌畏0.3，敌百虫0.3，乐果1.3，久效磷2.5，甲萘威2.5，克百威0.5，丁硫克百威1.0；[霉抑制率法（分光光度法）]：甲胺磷2.0，对硫磷1.0，辛硫磷0.3，马拉硫磷4.0，氧化乐果0.8，甲基异柳磷5.0，敌敌畏0.1，敌百虫0.2，乐果3.0，灭多威0.1，丁硫克百威0.05，克百威0.05
50	GB/T 5009.200—2003	小麦中野燕枯残留量的测定 Determination of difenzoquat residues in wheat	规定了小麦中野燕枯残留量的测定方法［气相色谱法］。适用于小麦中野燕枯残留量的测定。方法检出限：0.5～5.0μg/ml
51	GB/T 5009.201—2003	梨中烯唑醇残留量的测定 Determination of diniconazole residues in pear	规定了梨中烯唑醇残留量的测定方法［气相色谱法］。适用于梨中烯唑醇农药残留的分析。方法检出限：0.1～5.0μg/ml

（续）

序号	标准编号 （被替代标准号）	标准名称	应用范围和要求
52	GB/T 5750.9—2006 （GB/T 5750—1985）	生活饮用水标准检验方法 农药指标 Standard examination methods for drinking water-Pesticides parameters	规定了生活饮用水及其水源中滴滴涕等 21 种农药的检测方法。适用于生活饮用水及其水源中滴滴涕等 21 种农药的测定。方法检出限（μg/L）： ［填充气相色谱法］：滴滴涕 0.03，六六六各种异构体 0.008；［毛细管柱气相色谱法］：滴滴涕 0.02，六六六 0.01； ［填充气相色谱法］：对硫磷 2.5，甲基对硫磷 2.5，内吸磷 2.5，马拉硫磷 2.5，乐果 2.5，敌敌畏 2.5；［毛细管柱气相色谱法］：敌敌畏 0.05，对硫磷 0.1，甲基对硫磷 0.1，内吸磷 0.1，马拉硫磷 0.1，乐果 0.1，甲拌磷 0.1； ［气相色谱法］：百菌清 0.4； ［气相色谱法］：甲萘威 0.01；［分光光度法］（mg/L）：甲萘威 0.02； ［气相色谱法］：溴氰菊酯 0.20，甲氰菊酯 0.10，高效氯氟氰菊酯 0.04，氯菊酯 0.64，氰戊菊酯 0.14，氧氯菊酯 0.002；溴氰菊酯 0.26；［液相色谱法］（mg/L）： ［气相色谱法］：灭草松 0.2，2，4-滴 0.05； ［液相色谱法］：克百威 0.125，甲萘威 0.125； ［气相色谱法］：毒死蜱 2； ［气相色谱法］：莠去津 0.5； ［液相色谱法］：草甘膦 25； ［气相色谱法］：七氯 0.2

（续）

序号	标准编号 （被替代标准号）	标准名称	应用范围和要求
53	GB/T 7492—1987	水质 六六六、滴滴涕的测定 气相色谱法 Water quality-Determination of BHC and DDT-Gas chromatography	规定了测定水中六六六、滴滴涕的残留量测定方法[气相色谱法]。适用于地面水、地下水以及部分污水中的上述两种农药的测定。方法检出限（ng/L）：γ-六六六 4，滴滴涕 200
54	GB/T 8972—1988	水质 五氯酚的测定 气相色谱法 Water quality-Determination of pentachlorophenol-Gas chromatography	规定了测定水中五氯酚及其钠盐的残留量测定方法[气相色谱法]。适用于地面水中五氯酚的分析测定。方法检出浓度：0.04μg/L
55	GB/T 9695.10—2008 （GB/T 9695.10—1988）	肉与肉制品 六六六、滴滴涕残留量测定 Meat and meat products-Determination of BHC and DDT	规定了肉和肉制品中六六六、滴滴涕残留量的测定方法[气相色谱法]。适用于肉和肉制品中六六六、滴滴涕残留量的测定。方法检出限（μg/kg）：α-HCH 1，β-HCH 1，γ-HCH 1，δ-HCH 1，p,p'-DDE 1，o,p'-DDT 2，p,p'-DDD 1，p,p'-DDT 3
56	GB/T 13090—2006 （GB 15193.18—1994）	饲料中六六六、滴滴涕的测定	规定了饲料中六六六和滴滴涕残留量的测定方法[气相色谱法]。适用于配合饲料、植物性原料及鱼粉中六六六、滴滴涕异构体及衍生物的残留量的测定。不适用于检测含有机氯农药七氯的产品。方法检出限（μg/kg）：α-HCH 0.8，β-HCH 2.4，γ-HCH 1.6，δ-HCH 1.6，p,p'-DDE 2，o,p'-DDT 2，p,p'-DDD 5，p,p'-DDT 8
57	GB/T 13192—1991	水质 有机磷农药的测定 气相色谱法 Water quality-Determination of organic phosphorous pesticide in water-Gas chromatography	规定了气相色谱法测定水中的有机磷农药的测定方法[气相色谱法]。适用于地面水、地下水及工业废水中的有机磷农药的测定。方法检出限：0.01~0.50μg/L [敌敌畏 0.06，敌百虫 0.051，乐果 0.57，甲基对硫磷 0.42，马拉硫磷 0.64，对硫磷 0.54]

序号	标准编号 （被替代标准号）	标准名称	应用范围和要求
58	GB/T 13595—2004 （GB/T13595—1992， GB/T13597—2004， GB/T13598—2004）	烟草及烟草制品　拟除虫菊酯杀虫剂、有机磷杀虫剂，含氮杀虫剂残留量的测定 Tobacco and tobacco products-Determination of pyrethroids, organophosphorus and nitrogencontaining pesticides residues	规定了烟草及烟草制品中23种拟除虫菊酯、有机磷和含氮类农药残留量的测定方法［气相色谱法］。适用于烟草及烟草制品中23中农药残留的测定。方法检出限（μg/g）：高效氯氟氰菊酯0.03，氯氰菊酯0.03，氟氯氰菊酯0.02，溴氰菊酯0.02，克百威菊酯0.03，氯氰菊酯0.02，二嗪磷0.02，甲基对硫磷0.06，毒死蜱0.01，甲萘威0.02，二嗪磷0.02，甲基对硫磷0.06，毒死蜱0.04，马拉硫磷0.06，杀螟硫磷0.05，对硫磷0.05，倍硫磷0.04，甲胺磷0.01，速灭磷0.01，久效磷0.02，甲霜灵0.03，磷胺0.03，氟节胺0.01，仲丁灵0.03，异丙乐灵0.02，二甲戊灵0.02
59	GB/T 13596—2004 （GB/T13596—1992）	烟草及烟草制品　有机氯农药残留量的测定　气相色谱法 Tobacco and tobacco products-Determination of organochlorine pesticide residues-Gas chromatographic method	规定了烟草及烟草制品中17种有机氯农药残留量的测定方法［气相色谱法］。适用于烟草及烟草制品中有机氯农药残留的测定。方法检出限（μg/g）：艾氏剂0.02，反式氯丹0.02，α-BHC 0.02，β-BHC 0.02，γ-BHC 0.01，δ-BHC 0.02，o，p'-DDT 0.04，p，p'-DDT 0.06，p，p'-DDD 0.02，o，p'-DDD 0.03，p，p'-DDE 0.02，o，p'-DDE 0.03，狄氏剂0.02，α-硫丹 0.03，六氯苯0.02，七氯0.02，环氧七氯0.02
60	GB/T 14550—2003 （GB/T 14550—1993）	土壤中六六六和滴滴涕测定的气相色谱法 Method of gas chromatographic for determination of BHC and DDT in soil	规定了土壤中六六六和滴滴涕的残留量的测定方法［气相色谱法］。适用于土壤样品中六六六和滴滴涕两种有机氯农药残留量的分析。方法检出限：4.9～4.87μg/kg

序号	标准编号 （被替代标准号）	标准名称	应用范围和要求
61	GB/T 14551—2003 （GB/T 14551—1993）	动、植物中六六六和滴滴涕测定的气相色谱法 Method of gas chromatographic for determination of BHC and DDT in plants and animals	规定了动、植物中六六六、滴滴涕残留量的测定方法［气相色谱法］。适用于动物样品（禽、畜、鱼、蚯蚓），植物样品（粮食、蔬菜、水果、茶、藕）中有机氯农药残留量的测定。方法检出限：35～3.30μg/kg［粮食、蔬菜水果、禽畜鱼中分别为：α-HCH 0.049，0.035，0.11，β-HCH 0.08，0.023，1.20，γ-HCH 0.074，0.035，0.14，δ-HCH 0.18，0.045，0.20，p，p'-DDE 0.17，0.041，0.16，o，p'-DDT 1.90，0.59，1.26，p，p'-DDD 0.48，0.14，0.71，p，p'-DDT 4.87，1.36，3.3］
62	GB/T 14552—2003 （GB/T 14552—1993）	水、土中有机磷农药测定的气相色谱法 Method of gas chromatographic for determination of organophosphorus pesticides in water and soil	规定了水和土壤中10种有机磷农药残留量测定方法［气相色谱法］。适用于地下水、地下水及土壤中10种有机磷农药的残留量分析。方法检出限：0.086～2.900μg/kg［水和土壤中分别为：速灭磷 0.086，0.431，甲拌磷 0.096，0.484，二嗪磷 0.141，0.708，异稻瘟净 0.252，1.26，甲基对硫磷 0.189，0.947，杀螟硫磷 0.237，1.186，溴硫磷 0.286，1.43，水胺硫磷 0.572，2.86，稻丰散 0.440，2.20，杀扑磷 0.424，2.12］

序号	标准编号 （被替代标准号）	标准名称	应用范围和要求
63	GB/T 14553—2003 （GB/T 14553—1993）	粮食、水果和蔬菜中有机磷农药的测定气相色谱法 Method of gas chromatographic for determination of organophosphorus pesticides in cereals, fruits and vegetables	规定了粮食（大米、小麦、玉米）、水果（苹果、梨、桃等）、蔬菜（黄瓜、大白菜、番茄等）中10种有机磷残留量的测定［气相色谱法］。适用于粮食、水果、蔬菜等作物中10种有机磷农药的残留量的测定。水果蔬菜、粮食的方法检出限（μg/kg）分别为：速灭磷0.017，甲拌磷0.19，0.48，二嗪磷0.28，0.71，异稻瘟净0.50，1.2，甲基对硫磷0.38，0.95，杀螟硫磷0.47，1.19，溴硫磷0.57，1.4，水胺硫磷0.11，2.8，稻丰散3.8，0.22，杀扑磷0.84，2.11
64	GB/T 14929.2—1994	花生仁、棉籽油、花生油中涕灭威残留量测定方法 Method for determination of aldicarb residues in peanut, cottonseed oil and peanut oil	规定了涕灭威残留量的测定方法［气相色谱法］。适用于花生仁、棉籽油、花生油中涕灭威及代谢物残留量的测定。方法检出限：0.005 9mg/kg
65	GB/T 18412.1—2006	纺织品 农药残留量的测定 第1部分：77种农药 Textiles-Determination of the pesticide residues Part 1: 77 pesticides	规定了纺织品种77种农药残留量的测定方法［气相色谱法和气—质法］。适用于纺织材料及其产品中本标准所列77种农药残留量的测定

序号	标准编号 （被替代标准号）	标准名称	应用范围和要求
66	GB/T 18412. 2—2006 （GB/T 18412—2001）	纺织品 农药残留量的测定 第 2 部分： 有机氯农药 Textiles-Determination of the pesticide residues Part 2: Organochlorine pesticides	规定了纺织品中 26 种有机氯农药残留量的测定方法 [气相色谱法和气—质法]。适用于纺织材料及其产品中 本标准所列 26 种有机氯农药残留的测定
67	GB/T 18412. 3—2006	纺织品 农药残留量的测定 第 3 部分： 有机磷农药 Textiles-Determination of the pesticide residues Part 3: Organophosphrous pesticides	规定了纺织品中 30 种有机磷农药残留量的测定方法 [气相色谱法和气—质法]。适用于纺织材料及其产品中 本标准所列 30 种有机磷农药残留的测定
68	GB/T 18412. 4—2006	纺织品 农药残留量的测定 第 4 部分： 拟除虫菊酯农药 Textiles-Determination of the pesticide residues Part 4: Pyrethroid pesticides	规定了纺织品中 12 种拟除虫菊酯农药残留量的测定方 法 [气相色谱法和气—质法]。适用于纺织材料及其产品 中本标准所列 12 种拟除虫菊酯农药残留的测定
69	GB/T 18412. 6—2006	纺织品 农药残留量的测定 第 6 部分： 苯氧羧酸类农药 Textiles-Determination of the pesticide residues Part 6: Phenoloxy hydroxyl acids pesticides	规定了纺织品中 6 种苯氧羧酸类农药残留量的测定方 法 [气相色谱法和气—质法]。适用于纺织材料及其产品 中本标准所列 6 种苯氧羧酸类农药残留的测定

(续)

序号	标准编号 (被替代标准号)	标准名称	应用范围和要求
70	GB/T 18412.7—2006	纺织品 农药残留量的测定 第7部分：毒杀芬农药 Textiles-Determination of the pesticide residues Part 7: Toxaphene	规定了纺织品中毒杀芬残留量的测定方法［气相色谱法和气—质法］。适用于纺织材料及其产品中毒杀芬残留的测定
71	GB/T 18625—2002	茶中有机磷及氨基甲酸酯农药残留量的简易检验方法 酶抑制法 Method for simple determination of organophosphorus and carbamate pesticide residues in tea-Enzyme inhibition method	规定了用酶抑制法测定茶中15种有机磷农药及氨基甲酸酯农药残留的简易检验方法［分光光度法］。适用于茶中有机磷农药及氨基甲酸酯农药残留的测定。方法检出限（mg/kg）：敌敌畏2.0，甲基对硫磷3.0，乐果3.0，辛硫磷3.0，内吸磷1.0，乙酰甲胺磷2.0，氧乐果4.0，抗蚜威1.2，对硫磷10.0，敌百虫2.0，克百威1.0，伏杀硫磷1.5，甲胺磷20，二嗪磷5.0，甲萘威2.0
72	GB/T 18626—2002	肉中有机磷及氨基甲酸酯农药残留量的简易检验方法 酶抑制法 Method for simple determination of organophosphorus and carbamate pesticide residues in meat-Enzyme inhibition method	规定了用酶抑制法测定肉中16种有机磷农药及氨基甲酸酯农药残留的简易检验方法［分光光度法］。适用于肉中有机磷农药及氨基甲酸酯农药残留的测定。方法检出限（mg/kg）：敌敌畏2.0，乐果3.0，甲基对硫磷3.0，敌百虫3.0，辛硫磷3.0，内吸磷3.0，乙酰甲胺磷3.0，克百威4.0，抗蚜威1.0，对硫磷8.0，氧乐果2.0，伏杀硫磷1.0，甲胺磷20，二嗪磷5.0，甲萘威2.0，甲拌磷3.0

· 149 ·

序号	标准编号（被替代标准号）	标准名称	应用范围和要求
73	GB/T 18627—2002	食品中八甲磷残留量的测定方法 Method for determination of schradan residues in food	规定了蔬菜、水果及粮食中八甲磷残留量的测定方法[气相色谱法]。适用于蔬菜、水果及粮食中八甲磷残留量的测定。方法检出限：0.1mg/kg
74	GB/T 18628—2002	食品中乙滴残留量的测定方法 Method for determination of perthane residues in food	规定了蔬菜、水果及粮食中乙滴残留量的测定方法[气相色谱法]。适用于蔬菜、水果及粮食中乙滴残留量的测定。方法检出限：0.1mg/kg
75	GB/T 18629—2002	食品中扑草净残留量的测定方法 Method for determination of prometryne residues in food	规定了蔬菜、水果及粮食中扑草净净残留量的测定方法[气相色谱法]。适用于蔬菜、水果及粮食中扑草净净残留量的测定。方法检出限：0.02mg/kg
76	GB/T 18630—2002	蔬菜中有机磷及氨基甲酸酯农药残留量的简易检验方法（酶抑制法） Method for simpled determination of organophosphorus and carbamate pesticide residues in vegetables (Enzyme inhibition method)	规定了用酶抑制法测定蔬菜中16种有机磷农药及氨基甲酸酯农药残留量的简易检验方法[分光光度法]。适用于蔬菜中有机磷及氨基甲酸酯农药残留的测定。番茄、黄瓜、莴苣、生菜、甘蓝的方法检出限（mg/kg）分别为：敌敌畏1.0、0.8、0.8、1.0、1.3，甲基对硫磷0.5、0.3、0.3、0.1、0.1，敌百虫0.3、0.8、0.3、0.4、1.0，乐果0.5、0.5、0.4、0.4、1.5，辛硫磷0.5、0.4、0.5、1.0，内吸磷0.5、1.0、0.5、1.0，乙酰甲胺磷0.5、1.0、0.2、0.1、0.5，克百威3.0、3.0、2.0、3.0，抗蚜威0.1、0.2、0.1、0.1、0.3，对硫磷2.1、1.0、5.0、4.5、4.5，伏杀硫磷0.3、0.6，氧乐果0.1、0.3、0.5，甲胺磷10、15、12、15、15，二嗪磷0.2、0.5、0.5，甲萘威1.0、1.0、1.0、3.5、2.0、3.0，甲拌磷1.0、1.0、0.5、0.2、0.5、0.5、0.5

序号	标准编号 （被替代标准号）	标准名称	应用范围和要求
77	GB/T 18932.10—2002	蜂蜜中溴螨酯、4，4'-二溴二苯甲酮残留量的测定方法 气相色谱/质谱法 Method for the determination of bromopropylate and 4,4'-dibromobenzophenone residues in honey-Gas chromatography/mass spectrometry	规定了蜂蜜中溴螨酯、4，4'-二溴二苯甲酮残留量测定及质谱确证方法［气一质法］。适用于蜂蜜中溴螨酯、4，4'-二溴二苯甲酮残留量的测定。方法检出限（mg/kg）：溴螨酯 0.012，4，4'-二溴二苯甲酮 0.040
78	GB/T 18969—2003	饲料中有机磷农药残留量的测定 气相色谱法 Determination of residues of organaphosphorus in feeds-Gas chromatographic method	规定了利用气相色谱检测动物饲料中 7 种有机磷农药残留量的方法。适用于动物饲料中有机磷农药残留量的检测。方法检测限（mg/kg）：谷硫磷 0.01，乐果 0.01，乙硫磷 0.01，马拉硫磷 0.05，甲基对硫磷 0.01，伏杀磷 0.01，蝇毒磷 0.02
79	GB/T 19372—2003	饲料中除虫菊酯类农药残留量测定 气相色谱法 Determination of pyrethroids residues in feeds-Gas chromatography	规定了饲料中 8 种除虫菊酯类农药残留的测定方法［气相色谱法］。适用于配合饲料和浓缩饲料中 8 种除虫菊酯类农药残留量的测定。方法检出限（mg/kg）：联苯菊酯 0.005，甲氰菊酯 0.005，三氟氯氰菊酯 0.005，氯氰菊酯 0.02，氯菊酯 0.02，氰戊菊酯 0.02，氟胺氰菊酯 0.02，溴氰菊酯 0.02g

（续）

序号	标准编号 （被替代标准号）	标准名称	应用范围和要求
80	GB/T 19373—2003	饲料中氨基甲酸酯类农药残留量测定 气相色谱法 Determination of carbamate pesticide residues in feeds-Gas chromatography	规定了饲料中7种氨基甲酸酯类农药残留的测定方法［气相色谱法］。适用于配合饲料和浓缩饲料中7种氨基甲酸酯类农药残留量的测定。方法检测浓度（mg/kg）：抗蚜威0.02，速灭威0.04，叶蝉散0.04，仲丁威0.04，恶虫威0.04，克百威0.04，甲萘威0.04
81	GB/T 19426—2006 (GB/T 19426—2003)	蜂蜜、果汁和果酒中497种农药及相关化学品残留量的测定 气相色谱—质谱法 Method for the determination of 497 pesticides and related chemicals residues in honey, fruit juice and wine-GC-MS method	规定了蜂蜜、果汁和果酒中497种农药及相关化学品残留量测定方法［气一质法］。适用于蜂蜜、果汁和果酒中497种农药及相关化学品残留量的测定。方法检出限：0.001～0.300mg/kg
82	GB/T 19611—2004	烟草及烟草制品 抑芽丹残留量的测定 紫外分光光度法 Tobacco and tobacco products-Determination of maleic hydrazide residues-UV spectrophotometer method	规定了烟草及烟草制品中抑芽丹残留量的测定方法［紫外分光光度法］。适用于烟草及烟草制品中抑芽丹残留量的测定
83	GB/T 19648—2006 (GB/T 19648—2005)	水果和蔬菜中500种农药及相关化学品残留量的测定 气相色谱—质谱法 Method for determination of 500 pesticides and related chemicals residues in fruits and vegetables-GC-MS method	规定了苹果、柑橘、葡萄、甘蓝、番茄、芹菜中500种农药及相关化学品残留量测定法［气一质法］。适用于苹果、柑橘、葡萄、甘蓝、番茄、芹菜中500种农药及相关化学品残留量测定。方法检出限：0.006 3～0.800 0 mg/kg

序号	标准编号 （被替代标准号）	标准名称	应用范围和要求
84	GB/T 19649—2006 （GB/T 19649—2005）	粮谷中 405 种农药多残留测定方法 气相色谱—质谱法和液相色谱—串联质谱法 Method for determination of 405 pesticides residues in grains-GC-MS and LC-MS-MS method	规定了粮谷中 405 种农药及相关化学品残留量测定方法［气—质谱法和液相—质谱法］。适用于大麦、小麦、燕麦、大米、玉米、小米、黑米等粮谷中 405 种农药残留量的测定。方法检出限：0.000 2～0.300 0mg/kg
85	GB/T 19650—2006 （GB/T 19650—2005）	动物组织中 437 种农药多残留测定方法 气相色谱—质谱法和液相色谱—串联质谱法 Method for determination of 437 pesticides residues in animal tissues-GC-MS and LC-MS-MS method	规定了猪肉、牛肉、羊肉、兔肉、鸡肉中 437 种农药残留量测定方法［气—质谱法和液相—质谱法］。适用于猪肉、牛肉、羊肉、兔肉、鸡肉中 437 种农药及相关化学品残留量的测定。方法检出限：0.002～0.300 0mg/kg
86	GB/T 20769—2006 （GB/T 19648—2005）	水果和蔬菜中 405 种农药及相关化学品残留量的测定 液相色谱—串联质谱法 Method for determination of 405 pesticides and related chemicals residues in fruits and vegetables LC-MS-MS method	规定了苹果、梨、柑橘、香蕉、葡萄、菠萝、猕猴桃、甘蓝、番茄、黄瓜、青椒、菠菜、菜花、芹菜、豆角、菜笋等水果和蔬菜中 405 种农药及相关化学品残留量测定方法［液—质谱法］。适用于苹果、甘蓝等水果和蔬菜中 369 种农药及相关化学品残留量的定量测定，36 种农药及相关化学品残留的定性鉴别。方法检出限：0.02～4 080μg/kg
87	GB/T 20770—2006 （GB/T 19649—2005）	粮谷中 372 种农药及相关化学品残留量的测定 液相色谱—串联质谱法 Method for determination of 372 pesticides and related chemicals residues in grains by LC-MS-MS method	规定了大麦、小麦、燕麦、大米、小米、黑米、玉米中 372 种农药及相关化学品残留量测定方法［液—质谱法］。适用于大麦等粮食中 372 种农药及相关化学品残留量的测定。方法检出限：0.04～8 000μg/kg

序号	标准编号 （被替代标准号）	标准名称	应用范围和要求
88	GB/T 20771—2006 （GB/T 19426—2003）	蜂蜜、果汁和果酒中 420 种农药及相关化学品残留量的测定 液相色谱－串联质谱法 Method for the determination of 420 pesticides and related chemicals residues in honey, fruit juice and wine-LC-MS-MS method	规定了蜂蜜、果汁和果酒中 420 种农药及相关化学品残留量测定方法［液一质法］。适用于蜂蜜、果汁和果酒中 367 种农药及相关化学品残留量的定量测定，53 种农药及相关化学品残留的定性鉴别。方法检出限：0.03～2 670μg/kg
89	GB/T 20772—2006 （GB/T 19650—2005）	动物肌肉中 380 种农药及相关化学品残留量的测定 液相色谱－串联质谱法 Method for determination of 380 pesticides and related chemicals residues in animal muscles-LC-MS-MS method	规定了猪肉、牛肉、羊肉、兔肉、鸡肉中 380 种农药及相关化学品残留量测定方法［液一质法］。适用于猪肉、牛肉、羊肉、兔肉、鸡肉中 348 种农药及相关化学品残留量的定量测定，32 种农药及相关化学品残留的定性鉴别。方法检出限：0.04～800μg/kg
90	GB/T 20796—2006	肉与肉制品中甲萘威残留量的测定 Determination of carbaryl in meat and meat products	规定了肉与肉制品中的甲萘威残留量的抽样和测定方法［液相色谱法］。适用于肉与肉制品中的甲萘威残留量的测定。方法检出限：0.03mg/kg
91	GB/T 20798—2006	肉与肉制品中 2，4－滴残留量的测定 Determination of 2，4－D in meat and meat products	规定了肉与肉制品中 2，4－滴残留量的抽样和测定方法［液相色谱法］。适用于肉与肉制品中 2，4－滴残留量的测定。方法检出限：0.03mg/kg

序号	标准编号 （被替代标准号）	标准名称	应用范围和要求
92	GB/T 21132—2007	烟草及烟草制品二硫代氨基甲酸酯农药残留量的测定 分子吸收光度法 Tobacco and tobacco products-Determination of dithiocarbamate pesticides residues-Molecular absorption spectrometric method	本标准规定了烟草中二硫代氨基甲酸酯农药残留量的测定方法［分子吸收光谱法］。本标准适用于烟草和烟草制品中二硫代氨基甲酸酯农药残留量的测定。以 SC_2 换算二硫代氨基甲酸酯农药系数：代森锌 1.74，代森锰 1.81，丙森锌 1.90
93	GB/T 21169—2007	蜜蜂中双甲脒及其代谢物残留量的测定 液相色谱法 Determination of amitraz and metabolite residues in honey-liquid chromatography	规定了蜜蜂中双甲脒及其代谢物残留量的测定方法［液相色谱法］。适用于蜜蜂中双甲脒及其代谢物残留量的残留量测定。方法检出限（mg/kg）：双甲脒 0.01，其代谢物（2，4-二甲基苯胺）0.02
94	GB/T 21925—2008	水中除草剂残留量的测定 液相色谱/质谱法 Determination of herbicide residues in water-LC/MS method	规定了水中 5 种三嗪类除草剂残留量的测定方法［液相色谱/质谱法］。适用于农田灌溉用水、地表水、地下水等水中三嗪类和苯脲类除草剂的残留量测定。方法检出限（μg/L）：扑草净 0.05，莠去津 0.25，异丙威 0.25，绿麦隆 0.25，西玛津 0.25
95	GBZ/T 160.76—2004	工作场所空气有毒物质测定 有机磷农药 Methods for determination of organophosphorus pesticides in the air of workplace	规定了监测测定工作场所空气中有机磷农药浓度的测定方法［气相色谱法］。适用于工作场所空气中 11 种有机磷农药浓度的测定。方法检出限（μg/mL）：对硫磷 0.014，敌敌畏 0.03，甲拌磷 0.01，乐果 0.025，甲基对硫磷 1.5，亚胺硫磷 0.15，杀螟松 0.25，久效磷 0.2，异稻瘟净 0.1，氧乐果 0.25，倍硫磷 1.3

序号	标准编号 （被替代标准号）	标准名称	应用范围和要求
96	GBZ/T 160.77—2004 (GB/T 16093—1995, GB/T 16092—1995)	工作场所空气有毒物质测定 有机氯农药 Methods for determination of organic chlorine pesticides in the air of workplace	规定了监测工作场所空气中有机氯农药浓度的测定方法 [气相色谱法]。适用于工作场所空气中上述两种有机氯农药浓度的测定。方法检出限（μg/mL）：六六六 0.002，滴滴涕 0.03
97	GBZ/T 160.78—2007 (GBZ/T 160.78—2004)	工作场所空气有毒物质测定 拟除虫菊酯类农药 Determination of pyrethriod pesticides in the air of workplace	规定了监测工作场所空气中 3 种拟除虫菊酯类农药残留量测定的方法。适用于工作场所空气中上述 3 种菊酯类农药浓度的测定。方法检出限（μg/mL）：[液相色谱法]溴氰菊酯 0.002，氰戊菊酯 0.01，[液相色谱法]溴氰菊酯 0.2，氯氰菊酯 0.11，氰戊菊酯 0.06
98	NY/T 447—2001	韭菜中甲胺磷等七种农药残留检测方法 Method for the determination of pesticide residues in leek	规定了韭菜中 7 种农药的残留量测定方法。适用于韭菜中甲胺磷等 7 种农药的残留量分析。方法检出限（mg/kg）：甲拌磷 0.01，甲胺磷 0.01，久效磷 0.03，对硫磷 0.02，甲基异硫磷 0.01，毒死蜱 0.02，克百威 0.04
99	NY/T 448—2001	蔬菜上有机磷和氨基甲酸酯类农药残留简易快速检测方法 Rapid bioassay of organophosphate and carbamate pesticide residues in vegetables	规定了甲胺磷等有机磷和克百威等氨基甲酸酯类农药在蔬菜中的残留毒性快速检测方法 [分光光度法]。适用于叶菜类（除韭菜）、果菜类、豆菜类、瓜菜类、根菜类（除萝卜、姜白等）中甲胺磷等有机磷和克百威等氨基甲酸酯类农药残留毒快速检测。方法检出限（mg/kg）：甲胺磷 3~5，氧化乐果 2~5，对硫磷 2~4，甲拌磷 1~2，久效磷 1~2，倍硫磷 6~7，杀扑磷 6~7，敌敌畏 0.3，克百威 1~2，涕灭威 1~2，灭多威 1~2，抗蚜威 1.5~3，丁硫克百威 2~3，甲萘威 1~2，丙硫克百威 1~2，速灭威 1.5~2.5，残杀威 1.5~2.5，异丙威 1.5~2.5，甲基对硫磷、乐果、毒死蜱、二嗪磷等农药>10mg/kg

序号	标准编号 （被替代标准号）	标准名称	应用范围和要求
100	NY/T 761—2008 （NY/T 761—2004）	蔬菜和水果中有机磷、有机氯、拟除虫菊酯和氨基甲酸酯类农药多残留的测定 Pesticide multiresidue screen methods for determination of organophosphorus pesticides, organochlorine pesticides, pyrethroid pesticides and carbamate pesticedes in vegetables and fruits 第1部分：蔬菜和水果中有机磷类农药多残留的测定	规定了蔬菜和水果中54种有机磷类农药多残留的测定 [气相色谱法]。方法检出限：0.01~0.3mg/kg [敌敌畏 0.1, 乙酰甲胺磷 0.03, 百治磷 0.03, 乙拌磷 0.02, 乐果 0.02, 甲基对硫磷 0.02, 嘧啶磷 0.02, 倍硫磷 0.02, 辛硫磷 0.3, 灭菌磷 0.02, 三唑磷 0.01, 亚胺硫磷 0.06, 敌百虫 0.06, 灭线磷 0.02, 甲拌磷 0.02, 氧乐果 0.02, 二嗪磷 0.02, 地虫硫磷 0.02, 甲基毒死蜱 0.03, 对氧磷 0.03, 杀螟硫磷 0.02, 溴硫磷 0.03, 乙基溴硫磷 0.03, 丙溴磷 0.04, 乙硫磷 0.02, 吡菌磷 0.08, 蝇毒磷 0.09, 甲胺磷 0.01, 治螟磷 0.01, 特丁硫磷 0.02, 久效磷 0.03, 除线磷 0.02, 皮蝇磷 0.03, 甲基嘧啶硫磷 0.02, 对硫磷 0.02, 异柳磷 0.02, 杀扑磷 0.03, 甲基硫环磷 0.03, 伐灭磷 0.03, 硫磷 0.05, 益棉磷 0.06, 二溴磷 0.02, 速灭磷 0.02, 胺丙畏 0.02, 磷胺-I 0.04, 地毒磷 0.03, 马拉硫磷 0.03, 水胺硫磷 0.03, 喹硫磷 0.03, 杀虫畏 0.04, 硫环磷 0.03, 苯硫磷 0.04, 保棉磷 0.09]

序号	标准编号（被替代标准号）	标准名称	应用范围和要求
100	NY/T 761—2008（NY/T 761—2004）	第2部分：蔬菜和水果中有机氯类、拟除虫菊酯类农药多残留的测定	规定了蔬菜和水果中41种有机氯和拟除虫菊酯类农药多残留的测定[气相色谱法（ECD）]。方法检出限：0.0001～0.01mg/kg[α-666 0.0001，西玛津 0.01，莠去津 0.01，δ-666 0.0001，七氯 0.0002，毒死蜱 0.0002，艾氏剂 0.0001，o，p'-DDE 0.0002，p，p'-DDE 0.0001，o，p'-DDD 0.0004，p，p'-DDT 0.0009，异菌脲 0.001，联苯菊酯 0.0006，顺式氯菊酯 0.001，氟氯氰菊酯-I 0.002，氟氯氰菊酯-II 0.002，氟胺氰菊酯 0.002，氟氯氰菊酯-III 0.002，氟氯氰菊酯-IV 0.002，β-666 0.0004，林丹 0.0002，五氯硝基苯 0.0002，敌稗 0.002，乙烯菌核利 0.0004，硫丹-I 0.0003，硫丹-II 0.0003，p，p'-DDD 0.0003，三氯杀螨醇 0.0008，高效氯氟氰菊酯 0.0005，氯菊酯 0.001，氟氰戊菊酯-I 0.001，氟氰戊菊酯-II 0.001，氯硝胺 0.0003，六氯苯 0.0002，百菌清 0.0003，三唑酮 0.001，腐霉利 0.002，丁草胺 0.003，狄氏剂 0.0004，异狄氏剂 0.0005，乙酯杀螨醇 0.003，o，p'-DDT 0.001，胺菊酯-I 0.003，胺菊酯-II 0.003，甲氰菊酯 0.002，氯氰菊酯-I 0.003，氯氰菊酯-II 0.003，氯氰菊酯-III 0.003，氯氰菊酯-IV 0.003，氰戊菊酯-I 0.002，氰戊菊酯-II 0.002，溴氰菊酯-I 0.001，溴氰菊酯-II 0.001]

序号	标准编号 （被替代标准号）	标准名称	应用范围和要求
100	NY/T 761—2008 （NY/T 761—2004）	第3部分：蔬菜和水果中氨基甲酸酯类农药多残留的测定	蔬菜和水果中10种氨基甲酸酯类农药及其代谢物多残留的测定[高效液相色谱法]。方法检出限：0.008～0.02mg/kg[涕灭威亚砜0.02，涕灭威砜0.02，灭多威0.01，三羟基克百威0.01，涕灭威0.009，速灭威0.01，克百威0.008，甲萘威0.01，异丙威0.01，仲丁威0.01]
101	NY/T 946—2006	蒜薹、青椒、柑橘、葡萄中仲丁胺残留量的测定 Determination of sec-butylamine residues in garlic sprout green perpper orange and grape	规定了蒜薹、青椒、柑橘、葡萄中仲丁胺残留量的测定方法[薄层—紫外分光光度法]。适用于蒜薹、青椒、柑橘、葡萄中仲丁胺残留量的测定（也适合其他果品蔬菜）。方法检出限：0.672mg/kg，浓度范围：0.672～20.000mg/kg
102	NY/T 1016—2006	水果、蔬菜中乙烯利残留量的测定　气相色谱法 Determination of ethephon residues in fruits and vegetables gas chromatogram method	规定了水果和蔬菜中乙烯利残留量的测定方法[气相色谱法]。适用于水果、蔬菜中乙烯利残留量的测定。方法检出限：0.01mg/kg
103	NY/T 1096—2006	食品中草甘膦残留量测定 Determination of glyphosate residues in food	规定了食品中草甘膦及其代谢物残留的测定方法（气—质法）。适用于蔬菜、水果和粮食类产品中草甘膦及其代谢物残留的测定。方法检出限：0.02mg/kg

序号	标准编号 （被替代标准号）	标准名称	应用范围和要求
104	NY/T 1275—2007	蔬菜、水果中吡虫啉残留量的测定 Determination of imidacloprid residual in vegetables and fruits	规定了蔬菜和水果中吡虫啉残留量的测定方法〔液相色谱法〕。适用于蔬菜和水果中吡虫啉残留量的测定。方法检出限：0.01mg/kg
105	NY/T 1277—2007	蔬菜中异菌脲残留量的测定　高效液相色谱法 Determination of iprodione residues in vegetables by HPLC	规定了蔬菜中吡虫啉残留量的测定方法〔液相色谱法〕。适用于番茄、大白菜、菜豆、结球甘蓝、黄瓜等蔬菜中吡虫啉残留量的测定。方法检出限：0.35mg/kg，线性范围：1～40mg/L
106	NY/T 1379—2007	蔬菜中334种农药多残留的测定　气相色谱质谱法和液相色谱质谱法 Multi-residue determination of 334 pesticides in vegetable by GC/MS and LC/MS	规定了蔬菜中305种农药的多残留测定方法〔气-质法〕和29种农药的多残留测定方法〔液-质法〕。适用于334种农药的残留量的测定。方法检出限：0.001～0.05mg/kg

（续）

序号	标准编号 （被替代标准号）	标准名称	应用范围和要求
107	NY/T 1380—2007	蔬菜、水果中 51 种农药多残留的测定 气相色谱—质谱法 Determination of 51 pesticides residues in fruits and vegetables by GC - MS	规定了蔬菜和水果中 51 种有机氯和拟除虫菊酯类农药多残留的测定［气相色谱法］。方法检出限：0.1～63.7μg/kg［敌敌畏 14.4，甲胺磷 10.4，速灭威 2.9，乙酰甲胺磷 6.1，氧乐果 5.3，甲拌磷 15.8，α - BHC 2.5，二嗪磷 5.1，巴胺磷 2.4，久效磷 3.3，五氯硝基苯 4.5，氯硝胺 4.9，林丹 4.5，克百威 5.0，乐果 11.4，磷胺 - I 18.8，β - BHC 3.1，乙烯菌核利 1.4，磷胺 - II 1.2，甲基毒死蜱 0.5，δ - BHC 2.9，甲基嘧啶磷 0.6，甲霜灵 2.3，甲基对硫磷 3.0，对氧磷 9.3，马拉硫磷 3.3，毒死蜱 4.0，三唑酮 7.5，杀螟硫磷 3.0，对硫磷 1.6，倍硫磷 0.5，三氯杀螨醇 4.1，异柳磷 2.0，喹硫磷 2.4，o，p'- DDE 0.2，p，p'- DDE 0.3，杀扑磷 1.7，o，p'- DDD 0.2，o，p'- DDE 1.8，乙硫磷 1.5，p，p'- DDD 0.4，p，p'- DDT 3.2，异菌脲 24.2，甲氰菊酯 7.8，高效氯氟氰菊酯 6.5，亚胺硫磷 1.9，伏杀硫磷 1.5，氯菊酯 - I 1.2，氯菊酯 - II 2.9，蝇毒磷 8.7，氯氰菊酯 - I 12.2，氯氰菊酯 - II 12.5，氯氰菊酯 - III 16.3，氰戊菊酯 - I 6.6，氰戊菊酯 - II 5.0，溴氰菊酯 - I 16.2，溴氰菊酯 - II 45.3］，检测范围：0.008～3.2mg/L

（续）

序号	标准编号（被替代标准号）	标准名称	应用范围和要求
108	NY/T 1434—2007	蔬菜中 2，4-D 等 13 种除草剂多残留的测定 液相色谱质谱法 Multi-residue determination of 2，4-D and other 12 herbicides in vegetable by LC/MS	规定了蔬菜中 2，4-D 等 13 种除草剂多残留的测定方法[液—质—质法]。适用于蔬菜中 2，4-D 等 13 种除草剂残留量的测定。方法检出限：0.000 4～0.01mg/kg[二氯苯氧吡啶酸 0.01，麦草畏 0.009，氟草烟 0.008，4-氯苯氧乙酸 0.004，2，4-D 0.003，2 甲 4 氯 0.004，三氯吡氧乙酸 0.01，2 甲 4 氯丙酸 0.001，2，4-D 丙酸 0.001，2，4，5-涕 0.002，2，4-D 丁酸 0.002，2 甲 4 氯丁酸 0.001，氯吡甲禾灵 0.000 4]
109	NY/T 1453—2007	蔬菜及水果中多菌灵等 16 种农药残留的测定 液相色谱—质谱—质谱联用法 Determination of 16 pesticide residues in fruits and vegetables by LC-MS/MS	规定了蔬菜及水果中多菌灵等 16 种残留的测定方法[液—质—质法]。适用于蔬菜及水果中多菌灵等 16 种菌灵残留量的测定。方法检出限：0.01～0.10mg/kg[伐虫脒 0.01，多菌灵 0.02，杀线威 0.10，噻菌灵 0.05，霜霉威 0.01，多菌灵 0.02，杀线威 0.10，吡虫啉 0.05，嘧菌灵 0.05，灭多威 0.10，吡虫啉 0.10，咪鲜胺 0.02，菌酯 0.01，多杀霉素 0.01，咪鲜胺 0.02，菌脲 0.02，氟菌唑 0.04，氟铃脲 0.02，氟苯脲 0.02，氟虫脲 0.02]
110	NY/T 1455—2007	水果中腈菌唑残留量的测定 气相色谱法 Determination of myclobutanil residue in fruits gas chromatography	规定了水果中腈菌唑残留量的测定 气相色谱法[气相色谱法]。适用于水果中腈菌唑的残留量测定。方法检出限(mg/kg)：[ECD 检测器]0.005，[FPD 检测器]0.008，线性范围：0.05～2mg/kg

序号	标准编号 （被替代标准号）	标准名称	应用范围和要求
111	NY/T 1456—2007	水果中咪鲜胺残留量的测定　气相色谱法 Determination of prochloraz residue in fruits gas chromatography	规定了水果中咪鲜胺及其代谢物残留量的测定方法〔气相色谱法〕。适用于水果中咪鲜胺及其代谢物的残留量测定。方法检出限：0.005mg/kg，线性范围：0.05～1mg/kg
112	NY/T 1601—2008	水果中辛硫磷残留量的测定　气相色谱法 Determination of phoxim residues in fruit gas chromatography	规定了水果中辛硫磷残留量的测定方法〔气相色谱法〕。适用于水果中辛硫磷的残留量测定。方法检出限：0.02mg/kg
113	NY/T 1603—2008	蔬菜中溴氰菊酯残留量的测定　气相色谱法 Determination of deltamethrin residues in vegetables gas chromatograph	规定了蔬菜中溴氰菊酯残留量的测定方法〔气相色谱法〕。适用于蔬菜中溴氰菊酯的残留量测定。方法检出限：0.005mg/kg
114	NY/T 1616—2008	土壤中9种磺酰脲类除草剂残留量的测定　液相色谱—质谱法 Determination of 9 sulfonylurea herbicides residues in soil by LC-MS	规定了土壤中9种磺酰脲类除草剂残留量的测定方法〔液—质法〕。适用于土壤中烟嘧磺隆、噻吩磺隆、甲磺隆、甲嘧磺隆、胺苯磺隆、苄嘧磺隆、吡嘧磺隆、氯嘧磺隆9种磺酰脲类除草剂的残留量测定。方法检出限：0.6～3.8μg/kg，线性范围：0.1～10mg/L
115	NY/T 1649—2008	水果、蔬菜中噻菌灵残留量的测定　高效液相色谱法（噻菌灵） Determination of thiabendazol residue in fruits and vegetables by HPLC	规定了水果、蔬菜中噻菌灵残留量的测定方法〔液相色谱法〕。适用于水果、蔬菜中噻菌灵的残留量测定。方法检出限：0.01mg/kg

序号	标准编号 （被替代标准号）	标准名称	应用范围和要求
116	NY/T 1652—2008	蔬菜、水果中克螨特残留量的测定 气相色谱法 Determination of propargite residues in vegetables and fruits-GC	规定了蔬菜、水果中克螨特残留量的测定方法［气相色谱法］。适用于菜豆、黄瓜、番茄、甘蓝、白菜、萝卜、芹菜、柑橘、苹果等蔬菜、水果中克螨特的残留量测定。方法检出限：0.08mg/kg，线性范围：0.05～0.2mg/L
117	SC/T 3034—2006	水产品中三唑磷残留量的测定 气相色谱法 Determination of triazophos in fishery product Gas Chromatography	规定了水产品中三唑磷残留量的测定方法［气相色谱法］。适用于水产品可食部分中三唑磷残留的测定。方法检出限：10μg/kg，线性范围：0.1～10μg/ml
118	SC/T 3039—2006	水产品中硫丹残留量的测定 气相色谱法 Determination of endosulfan in aquatic product by Gas Chromatography	规定了水产品中硫丹残留量的测定方法［气相色谱法］。适用于水产品中硫丹残留量的测定（mg/kg）：α-硫丹 0.000 3，β-硫丹 0.000 3
119	SC/T 3040—2006	水产品中三氯杀螨醇残留量的测定 气相色谱法 Determination of dicofol in aquatic product by Gas Chromatography	规定了水产品中三氯杀螨醇残留量的测定方法［气相色谱法］。适用于水产品中三氯杀螨醇残留量的测定。方法检出限：0.003mg/kg
120	SN 0122—92 （ZB X70 002—86）	出口肉及肉制品中甲萘威残留量检验方法 Method for determination of carbaryl residue in meat and meat product for export	规定了出口冻分割肉、清蒸猪肉罐头和咸牛肉罐头中甲萘威残留量的抽样和测定方法［气相色谱法］。适用于出口冻分割肉、清蒸猪肉、清蒸猪肉罐头和咸牛肉罐头中甲萘威残留量的检验

（续）

序号	标准编号 （被替代标准号）	标准名称	应用范围和要求
121	SN 0123—92 (ZB B22 016—88)	出口肉及肉制品中敌敌畏、二嗪磷、倍硫磷、马拉硫磷残留量检验方法 Method for determination of dichlorovos, diazinon, fenthion, malathion residue in meat and meat product for export	规定了出口牛肉中敌敌畏等4种有机磷农药残留量的抽样和测定方法［气相色谱法］。适用于出口牛肉中敌敌畏、二嗪磷、倍硫磷、马拉硫磷残留量的检验
122	SN 0124—92 (ZB X70 003—86)	出口肉及肉制品中蝇毒磷残留量检验方法 Method for determination of coumaphos residue in meat and meat product for export	规定了出口肉和肉罐头中蝇毒磷残留量的抽样和测定方法［气相色谱法］。适用于出口肉和肉罐头中蝇毒磷残留量的检验
123	SN 0125—92 (ZB X71 002—87, ZB X22 009—88)	出口肉及肉制品中敌百虫残留量的检验方法 Method for determination of trichlorfon residues in meat and meat product for export	规定了出口肉和肉罐头中敌百虫残留量的抽样和测定方法［气相色谱法］。适用于出口肉和肉罐头中敌百虫残留量的检验
124	SN 0126—92 (ZB X71 001—84, ZB 3—83, ZB X22001—84, ZB X70001—86)	出口肉及肉制品中六六六、滴滴涕残留量检验方法 Method for determination of BHC and DDT residues in meat and meat product for export	规定了出口冻分割肉、清蒸猪肉罐头、咸牛肉罐头、冻去骨羊卷肉、午餐肉罐头、肠衣中六六六、滴滴涕残留量检验的抽样、制样和测定方法［气相色谱法］。适用于出口冻分割肉、清蒸猪肉罐头、咸牛肉罐头、冻去骨卷羊肉、午餐肉罐头、肠衣中六六六、滴滴涕残留量的检验

· 165 ·

（续）

序号	标准编号 （被替代标准号）	标准名称	应用范围和要求
125	SN 0127—92 （ZB X16 001—84， ZB X16 002—87）	出口乳及乳制品中六六六、滴滴涕残留量检验方法 Method for determination of BHC and DDT residues in milk and dairy product for export	规定了出口乳粉、甜炼乳中六六六、滴滴涕残留量的抽样和测定方法［气相色谱法］。适用于出口乳粉、甜炼乳中六六六、滴滴涕残留量的检验
126	SN 0128—92 （ZB X18 002—84， ZB X18 001—84）	出口蛋及蛋制品中六六六、滴滴涕残留量检验方法 Method for determination of BHC and DDT residues in egg and egg product for export	规定了出口鲜蛋、皮蛋、盐蛋中六六六、滴滴涕残留量的抽样和测定方法［气相色谱法］。适用于出口鲜蛋、皮蛋、盐蛋中六六六、滴滴涕残留量的检验
127	SN 0129—92 （ZB 5—83）	出口水产品中六六六、滴滴涕残留量检验方法 Method for determination of BHC and DDT residues in aquatic product for export	规定了出口水产品中六六六、滴滴涕残留量的抽样和测定方法［气相色谱法］。适用于出口水产品中六六六、滴滴涕残留量的检验
128	SN 0130—92 （ZB B40 001—86）	出口蜂产品中六六六、滴滴涕残留量检验方法 Method for determination of BHC and DDT residues in honey product for export	规定了出口蜂蜜中六六六、滴滴涕残留量的抽样和测定方法［气相色谱法］。适用于出口蜂蜜中六六六、滴滴涕残留量的检验
129	SN 0132—92 （ZB B22 014—86）	出口粮谷中对硫磷残留量检验方法 Method for determination of parathion residues in grain for export	规定了出口荞麦中对硫磷残留量的抽样和测定方法［气相色谱法］。适用于出口荞麦中对硫磷残留量的检验

序号	标准编号 （被替代标准号）	标准名称	应用范围和要求
130	SN 0133—92 (ZB X10 002—86)	出口粮谷中二嗪磷、倍硫磷、杀螟硫磷、对硫磷、稻丰散、苯硫磷残留量检验方法 Method for determination of diazinon, fenthion, fenitrothion, parathion, phenthoate, EPN residues in grain for export	规定了出口大米中二嗪磷等 6 种有机磷农药残留量的抽样和测定方法［气相色谱法］。适用于出口大米中二嗪磷、倍硫磷、杀螟硫磷、对硫磷、稻丰散、苯硫磷残留量的检验
131	SN 0134—92 (ZB B22 017—88)	出口粮谷中甲萘威、克百威残留量检验方法 Method for determination of carbaryl, carbofuran residues in grain for export	规定了出口玉米中甲萘威、克百威残留量的抽样和测定方法［液相色谱法］。适用于出口玉米中甲萘威、克百威残留量的检验
132	SN 0135—92 (ZB B22 015—88)	出口粮谷中六六六、滴滴涕、七氯、艾氏剂残留量检验方法 Method for determination of BHC, DDT, heptachlor and aldrin residues in grain for export	规定了出口玉米中六六六等 4 种有机氯农药残留量的抽样和测定方法［气相色谱法］。适用于出口玉米或其他粮谷中六六六、滴滴涕、七氯、艾氏剂残留量的检验
133	SN 0136—92 (ZB B22 016—88)	出口粮谷中敌敌畏、二嗪磷、倍硫磷、马拉硫磷残留量检验方法 Method for determination of dichlorovos, diazinon, fenthion, malathion residues in grain for export	规定了出口玉米中敌敌畏等 4 种有机磷农药残留量的抽样和测定方法［气相色谱法］。适用于出口玉米中敌敌畏、二嗪磷、倍硫磷、马拉硫磷残留量的检验

序号	标准编号 （被替代标准号）	标准名称	应用范围和要求
134	SN 0137—92 （ZB B22 018—88）	出口粮谷中甲基嘧啶磷残留检验方法 Method for determination of pirimiphos-methyl residue in grain for export	规定了出口玉米中甲基嘧啶磷残留量的抽样和测定方法 [气相色谱法]。适用于出口玉米等粮谷中甲基嘧啶磷残留量的检验
135	SN 0138—92 （ZB B20 013—86）	出口粮谷中艾氏剂、狄氏剂、异狄氏剂残留量检验方法 Method for determination of aldrin, diedrin and endrin residues in grain for export	规定了出口荞麦中艾氏剂、狄氏剂、异狄氏剂残留量的抽样和测定方法 [气相色谱法]。适用于出口荞麦（或其他粮谷）中艾氏剂、狄氏剂、异狄氏剂残留量的检验
136	SN 0139—92 （ZB B31 015—88）	出口粮谷中二硫代氨基甲酸酯残留量检验方法 Method for determination of dithiocarbamate residues in grain for export	规定了出口玉米中二硫代氨基甲酸酯残留量的抽样和测定方法 [气相色谱法]。适用于出口玉米中二硫代氨基甲酸酯（包括代森锌、福美双等）残留量的检验。不适用于二硫化碳熏蒸过的玉米
137	SN 0140—92 （ZB X11 022—84， ZB B20 012—86）	出口粮谷中六六六、滴滴涕残留量检验方法 Method for determination of BHC and DDT residues in grain for export	规定了出口大米和荞麦中六六六、滴滴涕残留量的抽样和测定方法 [气相色谱法]。适用于出口大米和荞麦中六六六、滴滴涕残留量的检验
138	SN 0141—92 （ZB 6—83）	出口植物油中六六六、滴滴涕残留量的检验方法 Method for determination of BHC and DDT residue in vegetale oil for export	规定了出口植物油中六六六、滴滴涕残留量的抽样及滴滴涕残留量的测定方法 [气相色谱法]。适用于出口植物油中六六六、滴滴涕残留量的检验

序号	标准编号 （被替代标准号）	标准名称	应用范围和要求
139	SN 0142—92 （ZB X11 001—84， ZB 4—83）	出口油籽中六六六、滴滴涕残留量的检验方法 Method for determination of BHC and DDT residue in oilbean for export	规定了出口花生和大豆中六六六、滴滴涕残留量的抽样及测定方法［气相色谱法］。适用于出口花生和大豆中六六六、滴滴涕残留量的检验
140	SN 0143—92 （ZB X10 001—86， ZB X21 002—87）	出口饲料中六六六、滴滴涕残留量检验方法 Method for determ ination of BHC and DDT residues in feed for export	规定了出口油菜籽粕粉和苜蓿粒中六六六、滴滴涕残留量的抽样和测定方法［气相色谱法］。适用于出口油菜籽粕粉和苜蓿粒中六六六、滴滴涕残留量的检验
141	SN 0144—92 （ZBX77 002—87）	出口蔬菜及蔬菜制品中敌敌畏、二嗪磷和马拉硫磷残留量的检验方法 Method for determination of DDVP, diazinon and malathion residues in vegetable and vegatable product for export	规定了出口蘑菇和蘑菇罐头中敌敌畏、二嗪磷和马拉硫磷残留量的抽样和测定方法［气相色谱法］。适用于出口蘑菇和蘑菇罐头中敌敌畏、二嗪磷和马拉硫磷残留量的检验
142	SN 0145—92 （ZB X26 001—84， ZB X26 002—84， ZB X77 001—84， ZB X87 001—84， ZB X60 002—86）	出口蔬菜及蔬菜制品中六六六、滴滴涕残留量检验方法 Method for determination of BHC and DDT reidues in vegetable and vegetable product for export	规定了出口速冻蔬菜、速冻蘑菇和蘑菇罐头、脱水蔬菜、黑木耳、辣椒干中六六六、滴滴涕残留量的抽样和测定方法［气相色谱法］。适用于出口速冻蔬菜、速冻蘑菇和蘑菇罐头、脱水蔬菜、黑木耳、辣椒干中六六六、滴滴涕残留量的检验

序号	标准编号 （被替代标准号）	标准名称	应用范围和要求
143	SN 0146—92 （ZB X87 001—84）	出口烟叶及烟叶制品中 六六六、滴滴涕 残留量检验方法 Method for determination of BHC and DDT residues in tobacco and tobacco products for export	规定了出口烟叶和烟叶制品中六六六、滴滴涕残留量的抽样和测定〔气相色谱法〕。适用于出口烟叶和烟叶制品中六六六、滴滴涕残留量的检验
144	SN 0147—92 （ZB X50 015—86， ZB X50 016—86）	出口茶叶中六六六、滴滴涕残留量检验方法 Method for determination of BHC, DDT residues in tea for export	规定了出口茶叶和茶汤中六六六、滴滴涕残留量的抽样和测定方法〔气相色谱法〕。适用于出口茶叶和茶汤中六六六、滴滴涕残留量检验
145	SN 0148—92 （ZB B31 022—88）	出口水果中甲基毒死蜱残留量检验方法 Method for determination of chlorpyrifos-methyl residues in fruit for export	规定了出口柑橘和苹果中甲基毒死蜱残留量的抽样和测定方法〔气相色谱法〕。适用于出口柑橘和苹果中甲基毒死蜱残留量的检验
146	SN 0149—92 （ZB X24 010—87）	出口水果中甲萘威残留量检验方法 Method for determination of carbaryl residue in fruit for export	规定了出口柑橘中甲萘威残留量的抽样和测定方法〔液相色谱法〕。适用于出口柑橘中甲萘威残留量的检验
147	SN 0150—92 （ZB B31 024—88）	出口水果中三唑锡残留量检验方法 Method for determination of azocyclotin residue in fruit for export	规定了出口苹果中三唑锡残留量的抽样和测定方法〔气相色谱法〕。适用于出口苹果中三唑锡残留量检验，也适用于柑橘、香蕉中三唑锡残留量的检验
148	SN 0151—92 （ZB B31 013—86）	出口水果中乙硫磷残留量检验方法 Method for determination of ethion residue in fruit for export	规定了出口苹果中乙硫磷残留量的抽样和测定方法〔气相色谱法〕。适用于出口柑橘中乙硫磷残留量检验，也适用于柑橘等水果中乙硫磷残留量的检验

序号	标准编号 （被替代标准号）	标准名称	应用范围和要求
149	SN 0152—92 （ZB B31 012—86）	出口水果中 2，4-滴残留量检验方法 Method for inspection of 2，4-D residue in fruit for export	规定了出口柑橘中 2，4-滴残留量的抽样和测定方法［气相色谱法］。适用于出口柑橘中 2，4-滴残留量的检验
150	SN 0153—92 （ZB X24 013—87）	出口水果中马拉硫磷残留量检验方法 Method for determination of malathion residue in fruit for export	规定了出口柑橘中马拉硫磷残留量的抽样和测定方法［气相色谱法］。适用于出口柑橘中马拉硫磷残留量的检验
151	SN 0154—92 （ZB B22 018—88）	出口水果中甲基嘧啶磷残留量检验方法 Method for inspection of pirimiphos-methyl residue in fruit for export	规定了出口柑橘中甲基嘧啶磷残留量的抽样和测定方法［气相色谱法］。适用于出口柑橘类水果中甲基嘧啶磷残留量的检验
152	SN 0155—92 （ZB X24 012—87）	出口水果中内吸磷残留量检验方法 Method for determination of demeton residue in fruit for export	规定了出口柑橘中内吸磷残留量的抽样和测定方法［气相色谱法］。适用于出口柑橘中内吸磷残留量的检验
153	SN 0156—92 （ZB B31 010—88）	出口水果中抗蚜威残留量检验方法 Method for determination of pirimicarb residue in fruit for export	规定了出口柑橘中抗蚜威残留量的抽样和测定方法［气相色谱法］。适用于出口柑橘中抗蚜威残留量的检验
154	SN 0157—92 （ZB B31 015—88）	出口水果中二硫代氨基甲酸酯残留量检验方法 Method for determination of dithiocarbamate residue in fruit for export	规定了出口苹果中二硫代氨基甲酸酯残留量的抽样和测定方法［气相色谱法］。适用于出口苹果中二硫代氨基甲酸酯（包括代森锌、福美双等）残留量的检验

序号	标准编号 （被替代标准号）	标准名称	应用范围和要求
155	SN 0158—92 （ZB B31 023—88）	出口水果中嗪完锡残留量检验方法（苯丁锡） Method for determination of fenbutatin residue in fruit for export	规定了出口苹果中苯丁锡残留量的抽样和测定方法〔气相色谱法〕。适用于出口苹果中苯丁锡残留量检验，也适用于柑橘、菠萝、黄瓜中苯丁锡残留量的检验
156	SN 0159—92 （ZB B31 025—88）	出口水果中艾氏剂、狄氏剂、七氯残留量检验方法 Method for determination of aldrin, dieldrin and heptachlor residues in fruit for export	规定了出口柑橘中艾氏剂、狄氏剂、七氯残留量的抽样和测定方法〔气相色谱法〕。适用于出口柑橘中艾氏剂、狄氏剂、七氯残留量的检验，也适用于检验六六六和滴滴涕
157	SN 0160—92 （ZB B31 014—88）	出口水果中硫丹残留量检验方法 Method for determination of endosulfan residue in fruit for export	规定了出口柑橘中硫丹残留量的抽样和测定方法〔气相色谱法〕。适用于出口柑橘中硫丹残留量的检验
158	SN 0161—92 （ZB B31008—88）	出口水果中甲基对硫磷残留量检验方法 Method for determination of parathion-methyl residue in fruit for export	规定了出口苹果中甲基对硫磷残留量的抽样和测定方法〔气相色谱法〕。适用于出口苹果中甲基对硫磷残留量的检验
159	SN 0162—92 （ZB B31 011—88）	出口水果中甲基托布津残留量检验方法 Method for determination of thiophanate-methyl residue in fruit for export	规定了出口柑橘中甲基托布津残留量的抽样和测定方法〔气相色谱法〕。适用于出口柑橘中甲基托布津残留量的检验
160	SN 0163—92 （ZB X24 011—8）	出口水果中二溴乙烷残留量检验方法 Method for determination of ethane dibromide residue in fruit for export	规定了出口柑橘中二溴乙烷残留量的抽样和测定方法〔气相色谱法〕。适用于出口柑橘中二溴乙烷残留量的检验。方法检出限：0.001mg/kg

序号	标准编号 （被替代标准号）	标准名称	应用范围和要求
161	SN 0164—92 （ZB X24 001—84， ZB X24 003—84）	出口水果中六六六、滴滴涕残留量检验方法 Method for determination of BHC, DDT residues in fruit for export	规定了出口苹果和柑橘中六六六、滴滴涕残留量的抽样和测定方法［气相色谱法］。本标准适用于出口苹果、柑橘中六六六、滴滴涕残留量检验
162	SN 0165—92 （ZB X24 002—84， ZB X24 009—87）	出口干果中六六六、滴滴涕残留量检验方法 Method for determination of BHC, DDT residues in nut for export	规定了出口核桃、白瓜子中六六六、滴滴涕残留量的抽样和测定方法［气相色谱法］。适用于出口核桃、核桃仁、白瓜子、黑瓜子、红瓜子中六六六、滴滴涕残留量检验
163	SN 0166—92 （ZB 7—83）	出口酒中六六六、滴滴涕残留量检验方法 Method for determination of BHC, DDT residues in wines for export	规定了出口酒中六六六、滴滴涕残留量的抽样和测定方法［气相色谱法］。适用于出口酒及饮料中六六六、滴滴涕残留量检验
164	SN 0167—92 （ZB X60 001—84）	出口啤酒酒花中六六六、滴滴涕残留量检验方法 Method for determination of BHC, DDT residues in hop for export	规定了出口啤酒酒花中六六六、滴滴涕残留量的抽样和测定方法［气相色谱法］。适用于出口啤酒酒花中六六六、滴滴涕残留量检验
165	SN 0181—92 （ZB C23 001—84， ZB C23 002—84， ZB C23 003—84， ZB X66 001—84）	出口中药材中六六六、滴滴涕残留量检验方法 Method for determination of BHC and DDT residues in Chinese medicinal material for export	规定了出口田七、杜仲、罗汉果、桂皮中六六六、滴滴涕残留量的抽样和测定方法［气相色谱法］。适用于出口田七、杜仲、罗汉果、桂皮中六六六、滴滴涕残留量的检验

(续)

序号	标准编号 （被替代标准号）	标准名称	应用范围和要求
166	SN 0189—93	出口水果中三硫磷残留量检验方法 Method for determination of carbophenothion residues in fruits for export	规定了出口水果中三硫磷残留量检验的抽样、制样和测定方法［气相色谱法］。适用于出口苹果、梨、杏、李子、桃和柑橘中三硫磷残留量的检验。方法检出限：0.1mg/kg
167	SN 0190—93	出口水果中乙撑硫脲残留量检验方法 Method for determination of ethylenethiourea residues in fruits for export	规定了出口水果中乙撑硫脲残留量检验的抽样、制样和测定方法［气相色谱法］。适用于出口鲜橘、速冻马蹄中乙撑硫脲残留量的检验。方法检出限：0.05mg/kg
168	SN 0191—93	出口水果中灭菌丹残留量检验方法 Method for determination of folpet residues in fruits for export	规定了出口水果中灭菌丹残留量检验的抽样、制样和测定方法［气相色谱法］。适用于出口苹果中灭菌丹残留量的检验。方法检出限：0.2mg/kg
169	SN 0192—93	出口水果中溴螨酯残留量检验方法 Method for determination of bromopropylate residues in fruits for export	规定了出口水果中溴螨酯残留量检验的抽样、制样和测定方法［气相色谱法］。适用于出口苹果中溴螨酯残留量的检验。方法检出限：0.04mg/kg
170	SN 0195—93	出口肉及肉制品中2，4-滴残留量检验方法 Method for determination of 2，4-D residues in meat and meat products for export	规定了出口肉及肉制品中2，4-滴残留量检验的抽样、制样和测定方法［气相色谱法］。适用于出口冻分割肉、清蒸猪肉罐头和咸牛肉中2，4-滴残留量的检验。方法检出限：0.02mg/kg

（续）

序号	标准编号 （被替代标准号）	标准名称	应用范围和要求
171	SN 0196—93	出口蔬菜中水胺硫磷残留量检验方法 Method for determination of optunal residues in fresh vegetables for export (isocarbohpos)	规定了出口蔬菜中水胺硫磷残留量检验的抽样、制样和测定方法［气相色谱法］。适用于出口菜心、花菜及番茄中水胺硫磷残留量的检验。方法检出限：0.1mg/kg
172	SN 0198—93	出口蔬菜中复硝盐残留量检验方法 Method for determination of nitrophenol salt residues in fresh vegetables for export	规定了出口蔬菜中复硝盐残留量检验的抽样、制样和测定方法［气相色谱法］。适用于出口番茄中复硝盐残留量的检验。方法检出限（mg/kg）：邻苯基酚钠 0.01，对硝基苯酚钠 0.02，5-硝基邻甲氧基苯酚钠 0.01
173	SN 0200—93	出口水果罐头中甲基硫菌灵残留量检验方法 Method for determination of thiophanate-methyl residues in fruits for export	规定了出口水果罐头中甲基硫菌灵残留量检验的抽样、制样和测定方法［气相色谱法］。适用于出口梨罐头中甲基硫菌灵残留量的检验。方法检出限：0.1mg/kg
174	SN 0201—93	出口水产品中多氯联苯残留量检验方法 Method for determination of polychlorinated biphenyl residues in fruits for export	规定了出口水产品中多氯联苯残留量检验的抽样、制样和测定方法［气相色谱法］。适用于出口鱼、虾、贝中多氯联苯残留量的检验。方法检出限：0.005mg/kg
175	SN 0202—93	出口水果中无机溴化物残留量检验方法 Method for determination of inorganic bromide residues in fruits for export	规定了出口水果中无机溴化物残留量检验的抽样、制样和测定方法［液相色谱法］。适用于出口柑橘类中无机溴化物残留量的检验。方法检出限：5.0mg/kg
176	SN 0203—93	出口酒中腐霉利残留量检验方法 Method for determination of procymidone residues in liquors for export	规定了出口酒中腐霉利残留量检验的抽样、制样和测定方法［气相色谱法］。适用于出口啤酒和葡萄酒中腐霉利残留量的检验。方法检出限：0.05mg/kg

（续）

序号	标准编号 （被替代标准号）	标准名称	应用范围和要求
177	SN 0204—93	出口粮谷中除草醚残留量检验方法 Method for determination of nitrofen residues in grains for export	规定了出口粮谷中除草醚残留量检验的抽样、制样和测定方法［气相色谱法］。适用于出口大米中除草醚残留量的检验。方法检出限：10μg/kg
178	SN 0209—93	出口粮谷中辛硫磷残留量检验方法 Method for determination of phoxim residues in grains for export	规定了出口粮谷中辛硫磷残留量检验的抽样、制样和测定方法［气相色谱法］。适用于出口玉米、大米、小麦和荞麦中辛硫磷残留量的检验。方法检出限：0.02mg/kg
179	SN/T 0213.1—93	出口蜂蜜中杀虫脒残留量检验方法　气相色谱法 Method for determination of chlordimeform residues in honey for export-Gas chromatography	规定了出口蜂蜜中杀虫脒残留量检验的抽样、制样和测定方法［气相色谱法］。适用于出口蜂蜜中杀虫脒残留量的检验。方法检出限：0.005mg/kg
180	SN/T 0213.2—93	出口蜂蜜中杀虫脒残留量检验方法　水解—碘化—气相色谱法 Method for determination of chlordimeform residues in honey for export-Hydrolysis-iodination-gas chromatography	规定了出口蜂蜜中杀虫脒残留量检验的抽样、制样和测定方法［气相色谱法］。适用于出口蜂蜜中杀虫脒（包括代谢物）残留量的检验。方法检出限：0.002 5mg/kg

（续）

序号	标准编号 （被替代标准号）	标准名称	应用范围和要求
181	SN/T 0213.3—93	出口蜂蜜中杀虫脒残留量检验方法 溴化—气相色谱法 Method for determination of chlordimeform residues in honey for export-Bromination-gas chromatography	规定了出口蜂蜜中杀虫脒残留量检验的抽样、制样和测定方法［气相色谱法］。适用于出口蜂蜜中杀虫脒残留量的检验。方法检出限：0.01mg/kg
182	SN/T 0213.4—93	出口蜂蜜中杀虫脒残留量检验方法 色谱—质谱法 Method for determination of chlordimeform residues in honey for export-Gas chromatography/mass-spectrography	规定了出口蜂蜜中杀虫脒残留量检验的抽样、制样和检测方法［气—质法］。适用于出口蜂蜜中杀虫脒残留量的检验。方法检出限：0.01mg/kg
183	SN/T 0213.5—2002	出口蜂蜜中氟胺氰菊酯残留量检验方法 液相色谱法 Determination of fluvalinate residue in honey for export-Liquid chromatography method	规定了出口蜂蜜中氟胺氰菊酯残留量检验的抽样、制样和测定方法［液相色谱法］。适用于出口蜂蜜中氟胺氰菊酯残留量的检验。方法检出限：0.01mg/kg
184	SN 0214—93	出口肉及肉制品粮谷中敌敌畏、二嗪磷、皮蝇磷、毒死蜱、杀螟硫磷、对硫磷、乙硫磷、蝇毒磷残留量检验方法 Method for determination of phoxim residues in grains for export	规定了出口肉及肉制品中8种有机磷农药残留量检验的抽样、制样和测定方法［气相色谱法］。适用于出口肉及肉制品中8种有机磷残留量的检验。方法检出限（mg/kg）：敌敌畏 0.02，二嗪磷 0.01，皮蝇磷 0.01，毒死蜱 0.01，杀螟硫磷 0.02，对硫磷 0.02，乙硫磷 0.01，蝇毒磷 0.01

· 177 ·

序号	标准编号 （被替代标准号）	标准名称	应用范围和要求
185	SN 0217—93	出口蔬菜中氯菊酯、氯氰菊酯、氰戊菊酯、溴氰菊酯残留量检验方法 Method for the determination of permethrin, cypermethrin, fenvalerate, deltamethrin residues in vegetables for export	规定了出口蔬菜中氯菊酯等 4 种菊酯农药残留量检验的抽样、制样和测定方法 [气相色谱法]。适用于出口蔬菜中氯菊酯等 4 种菊酯残留量的检验。方法检出限 (mg/kg)：氯菊酯 0.02，氯氰菊酯 0.04，氰戊菊酯 0.02，溴氰菊酯 0.02
186	SN 0218—93	出口粮谷中天然除虫菊素残留量检验方法 Method for the determination of pyrethrins residues in cereals for export	规定了出口粮谷中天然除虫菊素残留量检验的抽样、制样和测定方法 [气相色谱法]。适用于出口大米中天然除虫菊素（包括瓜叶菊素 I、茉莉菊素 I、除虫菊素 I 三种同系物）残留总量的检验。方法检出限：0.1mg/kg
187	SN 0219—93	出口粮谷中溴氰菊酯残留量检验方法 Method for the determination of deltamethrin residues in cereals for export	规定了出口粮谷中溴氰菊酯残留量检验的抽样、制样和测定方法 [气相色谱法]。适用于出口玉米中溴氰菊酯残留量的检验。方法检出限：0.1mg/kg
188	SN 0220—93	出口水果中多菌灵残留量检验方法 Method for the determination of carbendazim residues in fruits for export	规定了出口水果中多菌灵残留量检验的抽样、制样和测定方法 [液相色谱法]。适用于出口柑橘中多菌灵残留量的检验。方法检出限：0.7mg/kg
189	SN 0278—93	出口蔬菜中甲胺磷残留量检验方法 Method for the determination of methamidophos residues in vegetables for export	规定了出口蔬菜中甲胺磷残留量检验的抽样、制样和测定方法 [气相色谱法]。适用于出口菜心、白菜中甲胺磷残留量的检验。方法检出限：0.05mg/kg

序号	标准编号 （被替代标准号）	标准名称	应用范围和要求
190	SN 0279—93	出口水果中双甲脒残留量检验方法 Method for the determination of amitraz residues in fruits for export	规定了出口水果中双甲脒残留量的抽样、制样和测定方法［气相色谱法］。适用于出口柑橘中双甲脒（及代谢物）残留量的测定。方法检出限：0.1mg/kg
191	SN 0280—93	出口水果中氯硝胺残留量检验方法 Method for the determination of dicloran residues in fruits for export	规定了出口水果中氯硝胺残留量检验的抽样、制样和测定方法［气相色谱法］。适用于出口柑橘中氯硝胺残留量的检验。方法检出限：0.025mg/kg
192	SN 0281—93	出口水果中甲霜灵残留量检验方法 Method for the determination of metalaxyl residues in fruits for export	规定了出口水果中甲霜灵残留量检验的抽样、制样和测定方法［气相色谱法］。适用于出口苹果中甲霜灵残留量的检验。方法检出限：0.5mg/kg
193	SN 0285—93	出口酒中氨基甲酸乙酯残留量检验方法 Method for the determination of ethyl carbamate residues in wines for export	规定了出口酒类中氨基甲酸乙酯残留量检验的抽样、制样和测定方法［气相色谱法］。适用于出口蒸馏酒、黄酒中氨基甲酸乙酯残留量的检验。方法检出限：0.01mg/kg
194	SN 0287—93	出口水果中乙氧喹残留量检验方法　液相色谱法（乙氧喹啉） Method for the determination of ethoxyquin residues in fruits for export-Liquid chromatography	规定了出口水果中乙氧喹残留量检验的抽样、制样和测定方法［液相色谱法］。适用于出口苹果、梨中乙氧喹啉残留量的检验。方法检出限：0.3mg/kg
195	SN 0288—93	出口水果中倍硫磷残留量检验方法 Method for the determination of fenthion residues in fruits for export	规定了出口水果中倍硫磷残留量检验的抽样、制样和测定方法［气相色谱法］。适用于出口柑橘中倍硫磷残留量的检验。方法检出限：0.2mg/kg

序号	标准编号 （被替代标准号）	标准名称	应用范围和要求
196	SN 0290—93	出口肉类中稻瘟净残留量检验方法 Method for the determination of kitazin residues in meat for export	规定了出口肉类中稻瘟净残留量检验的抽样、制样和气相色谱测定方法。适用于出口分割猪肉中稻瘟净残留量的检验。方法检出限：0.01mg/kg
197	SN 0291—93	出口水果中乐果、甲基对硫磷残留量检验方法 Method for the determination of dimethoate and parathion-methyl residues in fruits for export	规定了出口水果中乐果、甲基对硫磷残留量检验的抽样、制样和甲基对硫磷测定方法［气相色谱法］。适用于出口苹果中乐果、甲基对硫磷残留量的检验。方法检出限（mg/kg）：乐果 0.1，甲基对硫磷 0.04
198	SN 0292—93	出口粮谷中灭草松残留量检验方法 Method for the determination of bentazon residues in cereals for export	规定了出口粮谷中灭草松残留量检验的抽样、制样和测定方法［气相色谱法］。适用于出口大米中灭草松残留量的检验。方法检出限：0.04mg/kg
199	SN 0293—93	出口粮谷中敌草快、对草快残留量检验方法 Method for the determination of diquat and paraquat residues in cereals for export	规定了出口粮谷中敌草快、对草快残留量检验的抽样、制样和测定方法［气相色谱法］。适用于出口玉米中敌草快、对草快残留量的检验。方法检出限：0.05mg/kg

（续）

序号	标准编号（被替代标准号）	标准名称	应用范围和要求
200	SN 0334—95	出口水果和蔬菜中 22 种有机磷农药多残留量检验方法 Method for the determination of 22 organophosphorus pesticide multi-residues in fruits and vegetables for export	规定了出口水果和蔬菜中 22 种有机磷农药残留量检验的抽样、制样和测定方法 [气相色谱法]。适用于出口柑橘、白菜中 22 种有机磷农药残留量的检验。方法检出限 (mg/kg)：敌百虫 0.01，敌敌畏 0.01，治螟磷 0.02，甲胺磷 0.02，甲拌磷 0.01，二嗪磷 0.02，地虫硫磷 0.01，乙拌磷 0.01，异稻瘟净 0.02，久效磷 0.05，乐果 0.02，毒死蜱 0.01，甲基对硫磷 0.01，马拉硫磷 0.01，杀螟硫磷 0.01，对硫磷 0.01，甲基异柳磷 0.01，水胺硫磷 0.03，稻丰散 0.03，喹硫磷 0.01，乙硫磷 0.01，三硫磷 0.02
201	SN 0336—95	出口蜂蜜中双甲脒残留量检验方法 Method for the determination of amitraz residues in honey for export	规定了出口蜂蜜中双甲脒残留量检验的抽样、制样和测定方法 [气相色谱法]。适用于出口蜂蜜中双甲脒及其代谢物残留量检验。方法检出限：0.1mg/kg
202	SN 0337—95	出口水果和蔬菜中克百威残留量检验方法 Method for the determination of carbofuran residues in fruits and vegetables for export	规定了出口水果和蔬菜中克百威残留量检验的抽样、制样和测定方法 [气相色谱法]。适用于出口柑橘、荷兰豆中克百威残留量的检验。方法检出限：0.02mg/kg
203	SN 0338—95	出口水果中敌菌丹残留量检验方法 Method for the determination of captafol residues in fruits for export	规定了出口水果中敌菌丹残留量检验的抽样、制样和测定方法 [气相色谱法]。适用于出口苹果、菠萝中敌菌丹残留量的检验。方法检出限：0.02mg/kg

（续）

序号	标准编号 （被替代标准号）	标准名称	应用范围和要求
204	SN 0340—95	出口粮谷、蔬菜中百草枯残留量检验方法紫外分光光度法 Method for the determination of paraquat residues in cereals, vegetables for export-UV-spectrophotometric method	规定了出口粮谷、蔬菜中百草枯残留量检验的抽样、制样和测定方法［紫外分光光度法］。适用于出口大米、白菜中百草枯残留量的检验。方法检出限：0.02mg/kg
205	SN 0342—95	出口粮谷中甲基谷硫磷（保棉磷）、乙基谷硫磷残留量检验方法 Method for the determination of azinphos-methyl and azinphos-ethyl residues in cereals for export	规定了出口粮谷中保棉磷和乙基谷硫磷残留量检验的抽样、制样和测定方法［气相色谱法］。适用于出口大米中保棉磷和乙基谷硫磷残留量的检验。方法检出限(mg/kg)：保棉磷0.02，乙基谷硫磷0.02
206	SN 0343—95	出口禽肉中溴氰菊酯残留量检验方法 Method for the determination of deltamethrin residues in poultry meat for export	规定了出口禽肉中溴氰菊酯残留量检验的抽样、制样和测定方法［气相色谱法］。适用于出口鸡肉中溴氰菊酯残留量的检验。方法检出限：0.001mg/kg
207	SN 0344—95	出口水果中甲噻硫磷残留量检验方法（杀扑磷） Method for the determination of methidathion residues in fruits for export	规定了出口水果中杀扑磷残留量的抽样、制样和测定方法［气相色谱法］。本标准适用于出口苹果中杀扑磷残留量的检验。方法检出限：0.05mg/kg
208	SN 0345—95	出口蔬菜中杀虫双残留量检验方法 Method for the determination of dimehypo residues in vegetables for export	规定了出口蔬菜中杀虫双残留量检验的抽样、制样和测定方法［气相色谱法］。适用于出口青菜中杀虫双残留量的检验。方法检出限：0.01mg/kg

（续）

序号	标准编号 （被替代标准号）	标准名称	应用范围和要求
209	SN 0346—95	出口蔬菜中α-萘乙酸残留量检验方法 Method for the determination of α-naphthylacetic acid residues in vegetables for export	规定了出口蔬菜中α-萘乙酸残留量检验的抽样、制样和测定方法［气相色谱法］。适用于出口速冻荷兰豆中α-萘乙酸残留量的检验。方法检出限：0.02mg/kg
210	SN/T 0348.1—95	出口茶叶中三氯杀螨醇残留量检验方法 气相色谱法 Method for the determination of dicofol residues in tea for export-Gas chromatography	规定了出口茶叶中三氯杀螨醇残留量的抽样、制样和测定方法［气相色谱法］。适用于出口茶叶中三氯杀螨醇残留量的检验。方法检出限：0.05mg/kg
211	SN/T 0348.2—95	出口茶叶中三氯杀螨醇残留量检验方法 液相色谱法 Method for the determination of dicofol residues in tea for export-Liquid chromatography	规定了出口茶叶中三氯杀螨醇残留量检验的抽样、制样和测定方法［液相色谱法］。适用于出口茶叶中三氯杀螨醇残留量的检验。方法检出限：0.1mg/kg
212	SN 0350—95	出口水果中赤霉素残留量检验方法 Method for the determination of gibberellic acid residues in fruits for export	规定了出口水果中赤霉素残留量检验的抽样、制样和测定方法［荧光分光光度法］。适用于出口柑橘中赤霉素残留量的检验。方法检出限：0.03mg/kg
213	SN 0351—95	出口粮谷中丙线磷残留量检验方法 Method for the determination of ethoprophos residues in cereals for export	规定了出口粮谷中丙线磷残留量检验的抽样、制样和测定方法［气相色谱法］。适用于出口大米中丙线磷残留量的检验。方法检出限：0.005mg/kg

（续）

序号	标准编号 （被替代标准号）	标准名称	应用范围和要求
214	SN 0353—95	出口粮谷中二硫化碳、四氯化碳、二溴乙烷残留量检验方法 Method for the determination of carbon disulfide, carbon tetrachloride and ethylene dibromide residues in cereals for export	规定了出口粮谷中二硫化碳、四氯化碳、二溴乙烷残留量检验的抽样、制样和测定方法［气相色谱法］。适用于出口玉米中二硫化碳、四氯化碳、二溴乙烷残留量的检验。方法检出限（mg/kg）：二硫化碳0.02，四氯化碳0.004，二溴乙烷0.005
215	SN 0354—95	出口水果中伏杀硫磷残留量检验方法 Method for the determination of phosalone residues in fruits for export	规定了出口水果中伏杀硫磷残留量检验的抽样、制样和测定方法［气相色谱法］。本标准适用于出口柑橘、苹果中伏杀硫磷残留量的检验。方法检出限：0.1mg/kg
216	SN 0488—1995	出口粮谷中完灭硫磷残留量检验方法（蚜灭磷） Method for determination of vamidothion residues in cereals for export	规定了出口粮谷中蚜灭磷残留量检验的抽样、制样和气相色谱测定方法。适用于出口糙米中蚜灭磷残留量的检验。方法检出限：0.04mg/kg
217	SN 0489—1995	出口粮谷中甲基克杀螨残留量检验方法（灭螨猛） Method for the determination of chinomethionat residues in cereals for export	规定了出口粮谷中灭螨猛残留量检验的抽样、制样和测定方法［气相色谱法］。本标准适用于出口糙米中灭螨猛残留量的检验。方法检出限：0.02mg/kg
218	SN 0490—1995	出口粮谷中异丙威残留量检验方法 Method for the determination of isoprocarb residues in cereals for export	规定了出口粮谷中异丙威残留量检验的抽样、制样和测定方法［气相色谱法］。适用于出口大米和玉米中异丙威残留量的检验。方法检出限：0.02mg/kg

（续）

序号	标准编号 （被替代标准号）	标准名称	应用范围和要求
219	SN 0491—1995	出口粮谷中抑菌灵残留量检验方法 Method for the determination of dichlofluanid residues in cereals for export	规定了出口粮谷中抑菌灵残留量检验的抽样、制样和测定方法［气相色谱法］。适用于出口糙米中抑菌灵残留量的检验。方法检出限：0.02mg/kg
220	SN 0492—1995	出口粮谷中禾草丹残留量检验方法 Method for the determination of thiobencarb residues in cereals for export	规定了出口粮谷中禾草丹残留量检验的抽样、制样和测定方法［气相色谱法］。适用于出口糙米中禾草丹残留量的检验。方法检出限：0.04mg/kg
221	SN 0493—1995	出口粮谷中敌百虫残留量检验方法 Method for the determination of trichlorfon residues in cereals for export	规定了出口粮谷中敌百虫残留量检验的抽样、制样和测定方法［气相色谱法］。适用于出口糙米中敌百虫残留量的检验。方法检出限：0.02mg/kg
222	SN 0494—95	出口粮谷中克瘟散残留量检验方法 Method for the determination of edifenphos residues in cereals for export	规定了出口粮谷中克瘟散残留量检验的抽样、制样和测定方法［气相色谱法］。适用于出口糙米中克瘟散残留量的检验。方法检出限：0.04mg/kg
223	SN 0495—95	出口粮谷中乙嘧硫磷残留量检验方法 Method for the determination of etrimfos residues in cereals for export	规定了出口粮谷中乙嘧硫磷残留量检验的抽样、制样和测定方法［气相色谱法］。适用于出口大米和玉米中乙嘧硫磷残留量的检验。方法检出限：0.02mg/kg
224	SN 0496—95	出口粮谷中杀草强残留量检验方法 Method for the determination of amitrole residues in cereals for export	规定了出口粮谷中杀草强残留量检验的抽样、制样和测定方法［分光光度法］。适用于出口大米中杀草强残留量的检验。方法检出限：0.05μg/g

（续）

序号	标准编号 （被替代标准号）	标准名称	应用范围和要求
225	SN 0497—95	出口茶叶中多种有机氯农药残留量检验方法 Method for the determination of the multiple residues of organochlorine pesticides in tea for export	规定了出口茶叶中六六六及异构体、滴滴涕及异构体和同型物等14种有机氯农药残留量检验的抽样、制样和测定方法［气相色谱法］。适用于出口茶叶中14种有机氯农药残留量的检验。方法检出限（mg/kg）：α-BHC 0.004，β-BHC 0.010，HCB 0.002，γ-BHC 0.002，δ-BHC 0.002，o，p'-DDT 0.020，p，p'-DDT 0.020，p，p'-DDD 0.010，p，p'-DDE 0.10，七氯 0.004，环氧七氯 0.004，艾氏剂 0.004，狄氏剂 0.005，异狄氏剂 0.005
226	SN 0499—95	出口水果蔬菜中百菌清残留量检验方法 Method for the determination of chlorothalonil residues in fruits and vegetables for export	规定了出口水果蔬菜中百菌清残留量检验的抽样、制样和测定方法［气相色谱法］。适用于出口柑橘和青刀豆中百菌清残留量的检验。方法检出限：0.01mg/kg
227	SN 0500—95	出口水果中多果定残留量检验方法 Method for the determination of dodine residues in fruits for export	规定了出口水果中多果定残留量检验的抽样、制样和测定方法［分光光度法］。适用于出口苹果中多果定残留量的检验。方法检出限：0.2mg/kg
228	SN 0502—95	出口水产品中毒杀芬残留量检验方法 Method for the determination of toxaphene residues in aquatic products for export	规定了出口水产品中毒杀芬残留量检验的抽样、制样和测定方法［气相色谱法］。适用于出口鲅鱼、扇贝柱中毒杀芬残留量的检验。方法检出限：0.5mg/kg

序号	标准编号 （被替代标准号）	标准名称	应用范围和要求
229	SN 0519—1996	出口粮谷中丙环唑残留量检验方法 Method for the determination of propiconazole residues in cereals for export	规定了出口粮谷中丙环唑残留量检验的抽样、制样和测定方法［气相色谱法］。适用于出口糙米中丙环唑残留量的检验。方法检出限：0.05mg/kg
230	SN 0520—1996	出口粮谷中烯菌灵残留量检验方法（抑霉唑） Method for the determination of imazalil residues in cereals for export	规定了出口粮谷中抑霉唑残留量检验的抽样、制样和测定方法［液相色谱法］。适用于出口大米中抑霉唑残留量的检验。方法检出限：0.025mg/kg
231	SN 0521—1996	出口油籽中丁酰肼残留量检验方法 分光光度法 Method for the determination of daminozide residues in oil seeds for export-Spectrophotometric method	规定了出口油籽中丁酰肼残留量检验的抽样、制样和测定方法［分光光度法］。适用于出口花生仁中丁酰肼残留量检验。方法检出限：0.02mg/kg
232	SN 0522—1996	出口粮谷中特丁磷残留量检验方法（特丁硫磷） Method for the determination of terbufos residues in cereals for export	规定了出口粮谷中特丁硫磷残留量检验的抽样、制样和测定方法［气相色谱法］。适用于出口糙米中特丁硫磷残留量的检验。方法检出限：0.005mg/kg
233	SN 0523—1996	出口水果中乐杀螨残留量检验方法 Method for the determination of binapacryl residues in fruits for export	规定了出口水果中乐杀螨残留量检验的抽样、制样和测定方法［气相色谱法］。适用于出口苹果中乐杀螨残留量的检验。方法检出限：0.05mg/kg

序号	标准编号（被替代标准号）	标准名称	应用范围和要求
234	SN 0524—1996	出口粮谷中溴化物残留量检验方法 Method for the determination of bromide residues in cereals for export	规定了出口粮谷中溴化物残留量的抽样、制样和测定方法[化学-碘量法]。适用于出口糙米中溴化物残留量的检验。方法检出限（以Br计）：5mg/kg
235	SN 0525—1996	出口水果、蔬菜中福美双残留量检验方法 Method for the determination of thiram residues in fruits and vegetables for export	规定了出口水果、蔬菜中福美双残留量检验的抽样、制样和测定方法[分光度法]。适用于出口苹果、芹菜中福美双残留量的检验。方法检出限：0.3mg/kg
236	SN 0526—1996	出口粮谷中增效醚残留量检验方法 Method for the determination of piperonyl butoxide residues in cereals for export	规定了出口粮谷中增效醚残留量检验的抽样、制样和测定方法[分光光度法]。适用于出口大米和大麦中增效醚残留量的检验。方法检出限：0.5mg/kg
237	SN 0527—1996	出口粮谷中灭虫威残留量检验方法（甲硫威） Method for the determination of methiocarb residues in cereals for export	规定了出口粮谷中甲硫威残留量检验的抽样、制样和测定方法[气相色谱法]。适用于出口糙米中甲硫威残留量的检验。方法检出限：0.03mg/kg
238	SN 0528—1996	出口粮谷中除虫脲残留量检验方法 Method for the determination of diflubenzuron residues in cereals for export	规定了出口粮谷中除虫脲残留量检验的抽样、制样和测定方法[液相色谱法]。适用于出口大米中除虫脲残留量的检验。方法检出限：0.02mg/kg
239	SN 0529—1996	出口肉品中甲氧滴滴残留量检验方法 Method for the determination of methoxychlor residues in meat for export	规定了出口肉品中甲氧滴滴残留量的抽样、制样和气相色谱测定方法。适用于出口牛肉、鹅肉中甲氧滴滴残留量的检验。方法检出限：0.05mg/kg

序号	标准编号 （被替代标准号）	标准名称	应用范围和要求
240	SN 0532—1996	出口粮谷中抗倒胺残留量检验方法 Method for the determination of inabenfide residues in cereals for export	规定了出口粮谷中抗倒胺残留量检验的抽样、制样和测定方法［气相色谱法］。适用于出口大米中抗倒胺残留量的检验。方法检出限：0.02mg/kg
241	SN 0533—1996	出口水果中乙氧三甲喹啉残留量检验方法（乙氧喹啉） Method for the determination of ethoxyquin residues in fruits for export	规定了出口水果中乙氧喹啉残留量检验的抽样、制样和测定方法［荧光分光光度法］。适用于出口苹果中乙氧喹啉残留量的检验。方法检出限：0.3mg/kg
242	SN 0534—1996	出口粮谷中仲丁威残留量检验方法 Method for the determination of fenobucarb residues in cereals for export	规定了出口粮谷中仲丁威残留量检验的抽样、制样和测定方法［液相色谱法］。适用于出口大米中仲丁威残留量的检验。方法检出限：0.1mg/kg
243	SN 0582—1996	出口粮谷及油籽中灭多威残留量检验方法 Method for the determination of methomyl residues in cereals and oil seeds for export	规定了出口粮谷及油籽中灭多威残留量检验的抽样、制样和测定方法［液相色谱法］。适用于出口糙米、玉米、大豆中灭多威残留量的检验。方法检出限：0.10mg/kg
244	SN 0583—1996	出口粮谷及油籽中氯苯胺灵残留量检验方法 Method for the determination of chlorpropham residues in cereals and oil seeds for export	规定了出口粮谷及油籽中氯苯胺灵残留量检验的抽样、制样和测定方法［气相色谱法］。适用于出口糙米、玉米、大豆、花生仁中氯苯胺灵残留量的检验。方法检出限：0.05mg/kg

序号	标准编号 （被替代标准号）	标准名称	应用范围和要求
245	SN 0584—1996	出口粮谷及油籽中烯菌酮残留量检验方法（乙烯菌核利） Method for the determination of vinclozolin residues in cereals and oil seeds for export	规定了出口粮谷及油籽中乙烯菌核利残留量检验的抽样、制样和测定方法 [气相色谱法]。适用于出口糙米、玉米、大豆、花生仁中乙烯菌核利残留量的检验。方法检出限：0.02mg/kg
246	SN 0585—1996	出口粮谷及油籽中乙酰甲胺磷残留量检验方法 Method for the determination of acephate residues in cereals and oil seeds for export	规定了出口粮谷及油籽中乙酰甲胺磷残留量检验的抽样、制样和测定方法 [气相色谱法]。适用于出口糙米、玉米、大豆、花生仁中乙酰甲胺磷残留量的检验。方法检出限：0.04mg/kg
247	SN 0586—1996	出口粮谷及油籽中特普残留量检验方法 Method for the determination of tetraethyl pyrophosphate residues in cereals and oil seeds for export	规定了出口粮谷及油籽中特普残留量检验的抽样、制样和测定方法 [气相色谱法]。适用于出口糙米、玉米、花生仁中特普残留量的检验。方法检出限：0.01mg/kg
248	SN 0587—1996	出口粮谷中草丙磷残留量检验方法（草铵膦） Method for the determination of glufosinate residues in cereals for export	规定了出口粮谷中草铵膦残留量检验的抽样、制样和测定方法 [气相色谱法]。适用于出口糙米中草铵膦残留量的检验。方法检出限（mg/kg）：草铵膦 0.02，3-甲基膦丙酸 0.005
249	SN 0590—1996	出口肉及肉制品中2，4-滴丁酯残留量检验方法 Method for the determination of 2，4-D butyl ester residues in meat and meat products for export	规定了出口肉及肉制品中2，4-滴丁酯残留量检验的抽样、制样和测定方法 [气相色谱法]。适用于出口猪肉和牛肉中2，4-滴丁酯残留量的检验。方法检出限：0.01mg/kg

（续）

序号	标准编号 （被替代标准号）	标准名称	应用范围和要求
250	SN 0591—1996	出口粮谷及油籽中二嗪硫磷残留量检验方法（敌嗪磷） Method for the determination of dioxathion residues in cereals and oil seeds for export	规定了出口粮谷及油籽中敌嗪磷残留量检验的抽样、制样和测定方法［气相色谱法］。适用于出口豌豆和花生仁中敌嗪磷残留量的检验。方法检出限：0.05mg/kg
251	SN 0592—1996	出口粮谷及油籽中苯丁锡残留量检验方法 Method for the determination of fenbutatin oxide residues in cereals and oil seeds for export	规定了出口粮谷及油籽中苯丁锡残留量检验的抽样、制样和测定方法［气相色谱法］。适用于出口豌豆和花生仁中苯丁锡残留量的检验。方法检出限：0.1mg/kg
252	SN 0593—1996	出口肉及肉制品中辟哒酮残留量检验方法 Method for the determination of pyrazon residues in meat and meat products for export	规定了出口肉及肉制品中辟哒酮残留量检验的抽样、制样和测定方法［气相色谱法］。适用于出口猪肉和牛肉中辟哒酮残留量的检验。方法检出限：0.01mg/kg
253	SN 0594—1996	出口肉及肉制品中西玛津残留量检验方法 Method for the determination of simazine residues in meat and meat products for export	规定了出口肉及肉制品中西玛津残留量的抽样、制样和测定方法［气相色谱法］。适用于出口牛肉中西玛津残留量的检验。方法检出限：0.02mg/kg
254	SN 0596—1996	出口粮谷中稀禾啶残留量检验方法 Method for the determination of sethoxydim residues in cereals for export	规定了出口粮谷中稀禾啶残留量检验的抽样、制样和测定方法［气相色谱法］。适用于出口玉米中稀禾啶残留量的检验。方法检出限：0.04mg/kg

序号	标准编号 （被替代标准号）	标准名称	应用范围和要求
255	SN 0597—1996	出口水果中邻苯基苯酚及其钠盐残留量检验方法 Method for the determination of o-phenylphenol and its sodium salt residues in fruits for export	规定了出口水果中邻苯基苯酚及其钠盐残留量检验的抽样、制样和测定方法［气相色谱法］。适用于出口柑橘中邻苯基苯酚及其钠盐残留量的检验。方法检出限：0.5mg/kg
256	SN 0598—1996	出口水产品中多种有机氯农药残留量检验方法 Method for the determination of the multiple residues of organochlorine pesticides in aquatic products for export	规定了出口水产品中的多种有机氯农药残留量检验的抽样、制样和测定方法［气相色谱法］。适用于出口鳕鱼中 14 种有机氯农药残留量的检验。方法检出限（mg/kg）：α-BHC 0.005，β-BHC 0.005，γ-BHC 0.005，δ-BHC 0.005，六氯苯（HCB）0.005，七氯 0.01，环氧七氯 0.02，艾氏剂 0.01，狄氏剂 0.01，异狄氏剂 0.02，o，p'-DDT 0.025，p，p'-DDT 0.025，p，p'-DDD 0.025，p，p'-DDE 0.02
257	SN 0599—1996	出口水果中速灭磷残留量检验方法 Method for the determination of mevinphos residues in fruits for export	规定了出口水果中速灭磷残留量检验的抽样、制样和测定方法［气相色谱法］。适用于出口苹果中速灭磷残留量的检验。方法检出限：0.05mg/kg
258	SN 0600—1996	出口粮谷中氟乐灵残留量检验方法 Method for the determination of trifluralin residues in cereals for export	规定了出口粮谷中氟乐灵残留量检验的抽样、制样和测定方法［气相色谱法］。适用于出口玉米中氟乐灵残留量的检验。方法检出限：0.005mg/kg
259	SN 0601—1996	出口粮谷中毒虫畏残留量检验方法 Method for the determination of chlorfenvinphos residues in cereals for export	规定了出口粮谷中毒虫畏残留量检验的抽样、制样和测定方法及确认方法［气相色谱法］。适用于出口糙米中毒虫畏残留量的检验。方法检出限：0.02mg/kg

（续）

序号	标准编号 （被替代标准号）	标准名称	应用范围和要求
260	SN 0605—1996	出口粮谷中双苯唑菌醇残留量检验方法 Method for the determination of bitertanol residues in cereals for export	规定了出口粮谷中双苯唑菌醇残留量检验的抽样、制样和测定方法 [气相色谱法]。适用于出口玉米、糙米中双苯唑菌醇残留量的检验。方法检出限：0.05mg/kg
261	SN 0606—1996	出口乳及乳制品中噻菌灵残留量检验方法荧光分光光度法 Method for the determination of thiabendazole residues in milk and milk products for export Fluorescence spectrophotometry	规定了出口乳及乳制品中噻菌灵残留量检验的抽样、制样和测定方法 [荧光分光光度法]。适用于出口鲜乳中噻菌灵残留量的检验。方法检出限：0.02mg/kg
262	SN 0607—1996	出口肉及肉制品中噻苯哒唑残留量检验方法（噻菌灵） Method for the determination of thiabendazole residues in meat and meat products for export	规定了出口肉及肉制品中噻菌灵残留量检验的抽样、制样和测定方法 [液相色谱法]。适用于出口猪肉中噻苯哒唑残留量的检验。方法检出限：0.02mg/kg
263	SN 0636—1997	出口水果中三唑酮残留量检验方法 Method for the determination of triadimefon residues in fruits for export	规定了出口及肉果中三唑酮残留量检验的抽样、制样、测定方法 [气相色谱] 及确证方法 [气—质法]。适用于出口苹果中三唑酮残留量的检验。方法检出限：0.05mg/kg
264	SN 0639—1997	出口肉及肉制品中利谷隆残留量检验方法 Method for the determination of linuron residues in meats and meat product for export	规定了出口及肉及肉制品中利谷隆残留量检验的抽样、制样和测定方法 [气相色谱法]。适用于出口猪肉中利谷隆残留量的检验。方法检出限：0.05mg/kg

（续）

序号	标准编号 （被替代标准号）	标准名称	应用范围和要求
265	SN 0640—1997	出口烟叶中毒杀芬残留量检验方法 Method for the determination of toxaphene residues in tobacco for export	规定了出口烟叶中毒杀芬残留量检验的抽样、制样和测定方法［气相色谱法］。适用于出口烟叶中毒杀芬残留量的检验。方法检出限：0.5mg/kg
266	SN 0641—1997	出口肉及肉制品中丁烯磷残留量检验方法（巴毒磷） Method for the determination of crotoxyphos residues in meats and meat product for export	规定了出口肉及肉制品中巴毒磷残留量检验的抽样、制样和测定方法［气相色谱法］。适用于出口猪肉中巴毒磷残留量的检验。方法检出限：0.02mg/kg
267	SN 0642—1997	出口肉及肉制品中残杀威残留量检验方法 Method for the determination of propoxur residues in meats and meat product for export	规定了出口肉及肉制品中残杀威残留量检验的抽样、制样和测定方法［气相色谱法］。适用于出口猪肉中残杀威残留量的检验。方法检出限：0.05mg/kg
268	SN 0644—1997	出口粮谷中三唑醇残留量检验方法 Method for the determination of triadimenol residues in cereals for export	规定了出口粮谷中三唑醇残留量检验的抽样、制样和测定方法［气相色谱法］及确证方法［气-质法］。适用于出口大米中三唑醇残留量的检验。方法检出限：0.05mg/kg
269	SN 0645—1997	出口肉及肉制品中敌草隆残留量检验方法 Method for the determination of diuron residues in meats and meat product for export	规定了出口肉及肉制品中敌草隆残留量检验的抽样、制样和测定方法［液相色谱法］。适用于出口冷冻牛肉和清蒸牛肉罐头中敌草隆残留量的检验。方法检出限：0.04mg/kg

序号	标准编号（被替代标准号）	标准名称	应用范围和要求
270	SN 0647—1997	出口坚果及坚果制品中抑芽丹残留量检验方法 分光光度法 Method for the determination of maleic hydrazide residues in nuts and nut products for export-Spectrophtometry	规定了出口坚果及坚果制品中抑芽丹残留量检验的抽样、制样和测定方法［分光光度法］。适用于出口核桃中抑芽丹残留量的检验。方法检出限：2.0mg/kg
271	SN 0648—1997	出口坚果及坚果制品中地乐酚残留量检验方法 Method for the determination of dinoseb residues in nuts and nut products for export	规定了出口坚果及坚果制品中地乐酚残留量检验的抽样、制样和测定方法［气相色谱法］。适用于出口栗子中地乐酚残留量的检验。方法检出限：0.02mg/kg
272	SN 0649—1997	出口粮谷中溴甲烷残留量检验方法 Method for the determination of methyl bromide residues in cereals for export	规定了出口粮谷中溴甲烷残留量检验的抽样、制样和测定方法［气相色谱法］。适用于出口玉米中溴甲烷残留量的检验。方法检出限：0.02mg/kg
273	SN 0651—1997	出口粮谷中甲基乙拌磷残留量检验方法 Method for the determination of thiometon residues in cereals for export	规定了出口粮谷中甲基乙拌磷残留量检验的抽样、制样和测定方法［气相色谱］。适用于出口糙米、玉米中甲基乙拌磷残留量的检验。方法检出限：0.02mg/kg
274	SN 0653—1997	出口蔬菜中杨菌胺残留量检验方法（水杨菌胺） Method for the determination of trichlamide residues in vegetables for export	规定了出口蔬菜中水杨菌胺残留量检验的抽样、制样和测定方法［气相色谱法］。适用于出口番茄中水杨菌胺残留量的检验。方法检出限：0.04mg/kg

序号	标准编号 （被替代标准号）	标准名称	应用范围和要求
275	SN 0654—1997	出口水果中克菌丹残留量检验方法 Method for the determination of captan residues in fruits for export	规定了出口水果中克菌丹残留量检验的抽样、制样和测定方法［液相色谱法］。适用于出口苹果中克菌丹残留量的检验。方法检出限：0.3mg/kg
276	SN 0655—1997	出口蔬菜及油籽中敌麦丙残留量检验方法 Method for the determination of dimethiphin residues in vegetables and oil seeds for export	规定了出口蔬菜及油籽中敌麦丙残留量检验的抽样、制样和测定方法［气相色谱法］。适用于出口马铃薯及油菜籽中敌麦丙残留量的检验。方法检出限：0.05mg/kg
277	SN 0656—1997	出口油籽中乙霉威残留量检验方法 Method for the determination of diethofencarb residues in oil seeds for export	规定了出口油籽中乙霉威残留量检验的抽样、制样。适用测定方法［气相色谱法］及确证方法［气—质法］。方法检出于出口大豆、花生仁中乙霉威残留量的检验。限：0.05mg/kg
278	SN 0657—1997	出口粮谷中三环锡残留量检验方法　分光光度法 Method for the determination of cyhexatin residues in cereals for export-Spectrophotometry	规定了出口粮谷中三环锡残留量检验的抽样、制样和测定方法［分光光度法］。适用于出口糙米中三环锡残留量的检验。方法检出限：0.033mg/kg

序号	标准编号 （被替代标准号）	标准名称	应用范围和要求
279	SN 0658—1997	出口坚果及坚果制品中喹硫磷残留量检验方法 Method for the determination of quinalphos residues in nuts and nut products for export	规定了出口坚果及坚果制品中喹硫磷残留量检验的抽样、制样和测定方法［气相色谱法］。适用于出口核桃（包括核桃仁）、杏仁中喹硫磷残留量的检验。方法检出限：0.002mg/kg
280	SN 0659—1997	出口蔬菜中邻苯基苯酚残留量检验方法液相色谱法 Method for the determination of o-phenylphenol residues in vegetables for export - Liquid chromatography	规定了出口蔬菜中邻苯基苯酚残留量检验的抽样、制样和测定方法［液相色谱法］。适用于出口番茄及辣椒中邻苯基苯酚残留量的检验。方法检出限：0.5mg/kg
281	SN 0660—1997	出口粮谷中克螨特残留量检验方法 Method for the determination of propargite residues in cereals for export	规定了出口粮谷中克螨特残留量检验的抽样、制样和测定方法［气相色谱法］。适用于出口玉米、大米中克螨特残留量的检验。方法检出限：0.05mg/kg
282	SN 0661—1997	出口粮谷中2, 4, 5-涕残留量检验方法 Method for the determination of 2, 4, 5-T residues in cereals for export	规定了出口粮谷中2, 4, 5-涕残留量检验的抽样、制样和测定方法［气相色谱法］。适用于出口大米中2, 4, 5-涕残留量的检验。方法检出限：0.025mg/kg
283	SN 0663—1997	出口肉及肉制品中七氯和环氧七氯残留量检验方法 Method for the determination of hetachlor and heptachlor epoxide residues in meats and meat products for export	规定了出口肉及肉制品中七氯和环氧七氯残留量检验的抽样、制样和测定方法［气相色谱法］。适用于出口猪肉中七氯和环氧七氯残留量的检验。方法检出限：0.04mg/kg

序号	标准编号 （被替代标准号）	标准名称	应用范围和要求
284	SN 0675—1997	出口肉及肉制品中定菌磷残留量检验方法（吡菌磷） Method for the determination of pyrazophos epoxide residues in meats and meat products for export	规定了出口肉及肉制品中吡菌磷残留量检验的抽样、制样和测定方法［气相色谱法］。适用于出口猪肉中吡菌磷残留量的检验。方法检出限：0.05mg/kg
285	SN 0683—1997	出口粮谷中三环唑残留量检验方法 Method for the determination of tricyclazole residues in cereals for export	规定了出口粮谷中三环唑残留量检验的抽样、制样和测定方法［气相色谱法］。适用于出口大米中三环唑残留量的检验。方法检出限：0.2mg/kg
286	SN 0685—1997	出口粮谷中霜霉威残留量检验方法 Method for the determination of propamocarb residues in cereals for export	规定了出口粮谷中霜霉威残留量检验的抽样、制样和测定方法［气相色谱法］。适用于出口大米中霜霉威残留量的检验。方法检出限：0.02mg/kg
287	SN 0686—1997	出口粮谷中甲基毒虫畏残留量检验方法 Method for the determination of dimethylvinphos residues in cereals for export	规定了出口粮谷中甲基毒虫畏残留量检验的抽样、制样和测定方法［气相色谱法］。适用于出口糙米中甲基毒虫畏残留量的检验。方法检出限：0.02mg/kg
288	SN 0687—1997	出口粮谷及油籽中禾草灵残留量检验方法 Method for the determination of diclofop-methyl residues in cereals and oil seeds for export	规定了出口粮谷及油籽中禾草灵残留量检验的抽样、制样和测定方法［气相色谱法］及确认方法［气-质法］。适用于出口糙米、玉米、小麦、大豆中禾草灵残留量的检验。方法检出限：0.02mg/kg

（续）

序号	标准编号（被替代标准号）	标准名称	应用范围和要求
289	SN 0688—1997	出口粮谷及油籽中丰索磷残留量检验方法 Method for the determination of fensulfothion residues in cereals and oil seeds for export	规定了出口粮谷及油籽中丰索磷残留量检验的抽样、制样和测定方法 [气—质谱法] 及确证方法 [气相色谱法]。适用于出口糙米、玉米、大豆、花生仁中丰索磷残留量的检验。方法检出限：0.02mg/kg
290	SN 0691—1997	出口蜂产品中氟胺氰菊酯残留量检验方法 Method for the determination of fluvalinate residues in bees' products for export	规定了出口蜂产品中氟胺氰菊酯残留量检验的抽样、制样和测定方法 [气相色谱法]。适用于出口蜂蜜中氟胺氰菊酯残留量的检验。方法检出限：0.02mg/kg
291	SN 0693—1997	出口粮谷中烯虫酯残留量检验方法 Method for the determination of methoprene residues in cereals for export	规定了出口粮谷中烯虫酯残留量检验的抽样、制样和测定方法 [液相色谱法]。适用于出口糙米中烯虫酯残留量的检验。方法检出限：0.50mg/kg
292	SN 0695—1997	出口粮谷中嗪氨灵残留量检验方法 Method for the determination of triforine residues in cereals for export	规定了出口粮谷中嗪氨灵残留量检验的抽样、制样和测定方法 [气相色谱法]。适用于出口大米中嗪氨灵残留量的检验。方法检出限：0.02mg/kg
293	SN 0696—1997	出口水果中三氯杀螨砜残留量检验方法 Method for the determination of tetradifon residues in fruits for export	规定了出口水果中三氯杀螨砜残留量检验的抽样、制样和测定方法 [气相色谱法]。适用于出口苹果及葡萄中三氯杀螨砜残留量的检验。方法检出限：0.05mg/kg
294	SN 0697—1997	出口肉及肉制品中杀线威残留量检验方法 [液相色谱法] Method for the determination of oxamyl residues in meats and meat products for export-Liquid chromatographic method	规定了出口肉及肉制品中杀线威残留量检验的抽样、制样和测定方法 [液相色谱法]。适用于出口冻猪肉中杀线威残留量的测定。方法检出限：0.02mg/kg

序号	标准编号 （被替代标准号）	标准名称	应用范围和要求
295	SN 0701—1997	出口粮谷中磷胺残留量检验方法 Method for the determination of phosphamidon residues in cereals for export	规定了出口粮谷中磷胺残留量检验的抽样、制样和测定方法［气相色谱法］。适用于出口大米、玉米中磷胺残留量的检验。方法检出限：0.02mg/kg
296	SN 0702—1997	出口坚果及坚果制品中乙酯杀螨醇残留量检验方法 Method for the determination of chlorobenzilate residues in nuts and nut products for export	规定了出口坚果及坚果制品中乙酯杀螨醇残留量检验的抽样、制样和气相色谱法测定乙酯杀螨醇残留量的检验。适用于出口杏仁中乙酯杀螨醇残留量的检验。方法检出限：0.04mg/kg
297	SN 0703—1997	出口蔬菜中利佛米残留量检验方法（氟菌唑） Method for the determination of triflumizole residues in vegetables for export	规定了出口蔬菜中氟菌唑（包括其代谢产物）残留量检验的抽样、制样和测定方法［液相色谱法］。适用于出口鲜番茄中氟菌唑（包括其代谢产物）残留量的检验。方法检出限（mg/kg）：氟菌唑 0.1，代谢物［4－氯－α，α－三氟（代）－N－（1－氨基－2－丙氧基甲基）－o－甲苯胺］0.1
298	SN 0705—1997	出口肉及肉制品中乙烯利残留量检验方法 Method for the determination of ethephon residues in meats and meat products for export	规定了出口肉及肉制品中乙烯利残留量检验的抽样、制样和测定方法［气相色谱法］。适用于出口猪肉中乙烯利残留量的检验。方法检出限：0.01mg/kg

序号	标准编号 （被替代标准号）	标准名称	应用范围和要求
299	SN 0706—1997	出口肉及肉制品中二溴磷残留量检验方法 Method for the determination of naled residues in meats and meat products for export	规定了出口肉及肉制品中二溴磷残留检验的抽样、制样和测定方法［气相色谱法］及确证方法的检验。适用于出口猪肉中二溴磷残留量检验。方法检出限：0.05mg/kg
300	SN 0707—1997	出口肉及肉制品中二硝甲酚残留量检验方法 Method for the determination of dinitrocresol residues in meats and meat products for export	规定了出口肉及肉制品中二硝甲酚残留量检验的抽样、制样和测定方法［气相色谱法］及确证方法［气—质法］。适用于出口鸡肉中二硝甲酚（4，6-二硝基邻甲酚）残留量的检验。方法检出限：0.02mg/kg
301	SN 0708—1997	出口粮谷中异菌脲残留量检验方法 Method for the determination of iprodione residues in cereals for export	规定了出口粮谷中异菌脲残留量检验的抽样、制样和测定方法［气相色谱法］。适用于出口糙米中异菌脲残留量的检验。方法检出限：0.05mg/kg
302	SN 0709—1997	出口肉及肉制品中双硫磷残留量检验方法 Method for the determination of temephos residues in meats and meat products for export	规定了出口肉及肉制品中双硫磷残留量检验的抽样、制样和测定方法［气相色谱法］及确证方法［气—质法］。适用于出口猪肉中双硫磷残留量的检验。方法检出限：0.1mg/kg
303	SN 0710—1997	出口粮谷中嗪草酮残留量检验方法 Method for the determination of metribuzin residues in cereals for export	规定了出口粮谷中嗪草酮残留量检验的抽样、制样和测定方法［气相色谱法］及确证方法［气—质法］。适用于出口大米中嗪草酮残留量的检验。方法检出限：0.05mg/kg

序号	标准编号 （被替代标准号）	标准名称	应用范围和要求
304	SN 0711—1997	出口茶叶中代森锌农药总残留量检验方法 Method for the determination of total residues of ethylene bisdithiocarbamate pesticides in tea for export	规定了出口茶叶中代森锌类农药总残留量检验的抽样、制样和测定方法［气相色谱法］。适用于出口茶叶中代森锌、代森锰、代森锰锌、代森联等农药的总残留量的检验。方法检出限（以 CS$_2$ 计）：0.1mg/kg
305	SN 0712—1997	出口粮谷中戊草丹、二甲戊灵、丙草胺、氟酰胺、灭锈胺、苯噻酰草胺残留量检验方法 Method for the determination of esprocarb, pendimethalin, pretilachlor, flutolanil, mepronil and mefenacet residues in cereals for export	规定了出口粮谷中戊草丹等 6 种农药残留量检验的抽样、制样和测定方法［气相色谱法］。适用于出口糙米中戊草丹等 6 种农药残留量的检验。方法检出限（mg/kg）：戊草丹 0.01，二甲戊灵 0.01，丙草胺 0.02，氟酰胺 0.02，灭锈胺 0.02，苯噻酰草胺 0.02
306	SN 0731—1992 （SN 0131—92、 ZB B22 014—88）	出口粮谷中马拉硫磷残留量检验方法 Method for the determination of malathion residues in cereals for export	规定了出口玉米中马拉硫磷残留量检验的抽样、制样和测定方法［气相色谱法］。适用于出口玉米中马拉硫磷残留量的检验
307	SN/T 0931—2000	出口粮谷中调环酸钙残留量检验方法 Method for the determination of prohexadione-calcium residues in cereals for export	规定了出口粮谷中调环酸钙残留量检验的抽样、制样和测定方法［液相色谱法］。适用于出口大米中调环酸钙残留量的检验。方法检出限：0.04mg/kg
308	SN/T 0932—2000	出口粮谷中醚菊酯残留量检验方法 Method for the determination of etofenprox residues in cereals for export	规定了出口粮谷中醚菊酯残留量检验的抽样、制样和测定方法［液相色谱法］。适用于出口大米中醚菊酯残留量的检验。方法检出限：0.02mg/kg

序号	标准编号 （被替代标准号）	标准名称	应用范围和要求
309	SN/T 0965—2000	进出口粮谷中噻吩草胺残留量检验方法（噻吩草胺） Method for the determination of thenychlor residues in cereals for import and export	规定了进出口粮谷中噻吩草胺残留量检验的抽样、制样和测定方法［气相色谱法］及确证方法［气—质法］。适用于进出口粮谷中噻吩草胺残留量的检验。方法检出限：0.02mg/kg
310	SN/T 0983—2000	出口粮谷中呋草黄残留量检验方法 Method for the determination of benfuresate residues in cereals for export	规定了出口粮谷中呋草黄残留量检验的抽样、制样和测定方法［气相色谱法］。适用于出口大米中呋草黄残留量的检验。方法检出限：0.02mg/kg
311	SN/T 1017.1—2001	出口粮谷中环庚草醚残留量的检验方法 Method for the determination of cinmethylin residues in cereals for export	规定了出口粮谷中环庚草醚残留量检验的抽样、制样和测定方法［气—质法］。适用于出口糙米中环庚草醚残留量的检验。方法检出限：0.01mg/kg
312	SN/T 1017.2—2001	出口粮谷中丁胺磷残留量检验方法（抑草磷） Method for the determination of butamifos residues in cereals for export	规定了出口粮谷中抑草磷残留量检验的抽样、制样和测定方法［气相色谱法］。适用于出口糙米中抑草磷残留量的检验。方法检出限：0.05mg/kg
313	SN/T 1017.3—2002	出口粮谷和蔬菜中戊菌隆残留量检验方法 Method for the determination of pencycuron residues in cereals and vegetables for export	规定了出口粮谷和蔬菜中戊菌隆残留量检验的抽样、制样和测定方法［气相色谱法］及确认方法［气—质法］。适用于出口糙米、玉米、番茄、马铃薯中戊菌隆残留量的检验。方法检出限：0.05mg/kg

序号	标准编号 （被替代标准号）	标准名称	应用范围和要求
314	SN/T 1017.4—2002	出口粮谷和油籽中哒菌清残留量检验方法 Method for the determination of diclomezine residues in cereals and oil seeds for export	规定了出口粮谷和油籽中哒菌清残留量检验的抽样、制样和测定方法［气相色谱法］。适用于出口糙米、大豆、玉米、小麦中哒菌清残留量的检验。方法检出限：0.10mg/kg
315	SN/T 1017.5—2002	出口粮谷及油籽中快杀稗残留量检验方法（二氯喹啉酸） Method residues for the determination of quinclorac in cereals and oil seeds for export	规定了出口粮谷及油籽中二氯喹啉酸残留量检验的抽样、制样和测定方法［气相色谱法］。适用于出口糙米、大豆、玉米、小麦中二氯喹啉酸残留量的检验。方法检出限：0.05mg/kg
316	SN/T 1017.6—2002	出口粮谷中叶枯酞残留量检验方法 Method residues for the determination of tecloftalam residues in cereals for export	规定了出口粮谷中残留量检验的抽样、制样和测定方法［气相色谱法］。适用于出口糙米中叶枯酞残留量的检验。方法检出限：0.04mg/kg
317	SN/T 1017.7—2002	出口粮谷中涕灭威、西维因（甲萘威）、杀线威、噁虫威、抗蚜威残留量的检验方法 Method for the determination of aldicarb, carbryl, oxamyl, bendiocarb and pirimicarb residues in cereals for export	规定了出口粮谷中涕灭威等5种农药残留量检验的抽样、制样和测定方法［气相色谱法］。适用于出口大米中涕灭威等5种农药残留量的检验。方法检出限（mg/kg）：涕灭威 0.02，甲萘威 0.01，杀线威 0.02，噁虫威 0.02，抗蚜威 0.03
318	SN/T 1017.8—2004	进出口粮谷中吡虫啉残留量检验方法 液相色谱法 Determination of imadacloprid residues in cereals for import and export-Liquid chromatography method	规定了进出口粮谷中吡虫啉残留量检验的抽样、制样和测定方法［液相色谱法］。适用于进出口玉米、小麦及大米中吡虫啉残留量的检验。方法检出限：0.02mg/kg

序号	标准编号 （被替代标准号）	标准名称	应用范围和要求
319	SN/T 1017.9—2004	进出口粮谷中吡氟氯禾灵残留量检验方法 Determination of haloxyfop residues in cereals for import and export	规定了进出口粮谷中吡氟氯禾灵残留量检验的抽样、制样和测定方法［气相色谱法］。适用于进出口粮谷中吡氟氯禾灵残留量的检验。方法检出限：0.02mg/kg
320	SN/T 1055—2002	进出口坚果中氧化苯丁锡残留量检验方法原子吸收分光光度法 Determination of fenbutatin oxide in nuts for import and export-Atomic absorption spectrophotometric method	规定了进出口坚果中氧化苯丁锡残留量检验的抽样、制样和测定方法［原子吸收分光光度法］。适用于进出口栗子、核桃等坚果中氧化苯丁锡残留量的检验。方法检出限：0.10mg/kg
321	SN/T 1114—2002	进出口水果中烯唑醇残留量检验方法 Determination of diniconazole in fruits for import and export	规定了进出口水果中烯唑醇残留量检验的抽样、制样和测定方法［液相色谱法］。适用于进出口葡萄中烯唑醇残留量的检验。方法检出限：0.02mg/kg
322	SN/T 1115—2002	进出口水果中噁草酮残留量检验方法 Method for the determination of oxadiazon residues in fruits for import and export	规定了进出口水果中噁草酮残留量检验的抽样、制样和测定方法［气相色谱法］及确证方法［气—质法］。适用于进出口柑橘、苹果中噁草酮残留量的检验。方法检出限：0.01mg/kg
323	SN/T 1117—2002	进出口茶叶中多种菊酯类农药残留量检验方法 Method for the determination of multiple pyrethroid residues in tea for import and export	规定了进出口茶叶中多种菊酯类农药残留量检验的抽样、制样和测定方法［气相色谱法］。适用于进出口茶叶中多种菊酯类农药残留量的检验。方法检出限（mg/kg）：联苯菊酯 0.05，甲氰菊酯 0.01，高效氯氰菊酯 0.005，氯菊酯 0.05，氯氰菊酯 0.05，氰戊菊酯 0.05，溴氰菊酯 0.05

序号	标准编号 （被替代标准号）	标准名称	应用范围和要求
324	SN/T 1381—2004	进出口肉及肉制品中克阔乐残留量检验方法 液相色谱法（乳氟禾草灵） Determination of lactofen residues in meats and meat products for import and export-Liquid chromatographic method	规定了进出口肉及肉制品中乳氟禾草灵残留量检验的抽样、制样和测定方法（液相色谱法）。适用于进出口猪肉和猪肉火腿肠中乳氟禾草灵残留量的检验。方法检出限：0.02mg/kg
325	SN/T 1392—2004	进出口肉及肉制品中 2 甲 4 氯及 2 甲 4 氯丁酸残留量检验方法 Determination of MCPA and MCPB residues in meat and meat products for import and export	规定了进出口肉及肉制品中 2 甲 4 氯及 2 甲 4 氯丁酸残留量检验的抽样、制样和测定方法〔气—质法〕。适用于进出口冻分割牛肉中 2 甲 4 氯及 2 甲 4 氯丁酸残留量的检验。方法检出限：0.02mg/kg
326	SN/T 1477—2004	进出口食品中多效唑残留量检验方法 Inspection of paclobutrazol residues in food for import and export	规定了进出口食品中多效唑残留量检验的抽样、制样和测定方法〔气—质法〕。适用于进出口粮谷、水果中多效唑残留量的检验。方法检出限：0.02mg/kg
327	SN/T 1541—2005	出口茶叶中二硫代氨基甲酸酯总残留量检验方法 Determination of the total residues of dithiocarbamate pesticides in tea for export	规定了出口茶叶中二硫代氨基甲酸酯总残留量检验的抽样、制样和测定方法〔气相色谱法〕。适用于出口茶叶中二硫代氨基甲酸酯类农药如福美双、福美锌、代森锌、代森钠等的总残留量的检验。方法检出限（以 CS_2 计）：0.1mg/kg

序号	标准编号 （被替代标准号）	标准名称	应用范围和要求
328	SN/T 1591—2005	进出口茶叶中 9 种有机杂环类农药残留量检验方法 Inspection of 9 organic heterocyclic pesticides in tea for import and export	规定了进出口茶叶中 9 种有机杂环类农药残留量检验的抽样和制样、测定方法、测定低限及回收率。适用于进出口茶叶中 9 种有机杂环类农药残留量的检验。方法检出限（mg/kg）：莠去津 0.02，乙烯菌利核 0.02，腐霉利 0.02，氟菌唑 0.38，抑霉唑 0.05，噻嗪酮 0.01，丙环唑 0.05，氯苯嘧啶醇 0.02，啶螨灵 0.50
329	SN/T 1593—2005	进出口蜂蜜中五种有机磷农药残留量检验方法 气相色谱法 Inspection of five organophosphorus pesticides residues in honey for import and export-Gas chromatography	规定了蜂蜜中 5 种有机磷农药残留量检验的抽样、制样和测定方法［气相色谱法］。适用于蜂蜜中 5 种有机磷农药残留量的检验。方法检出限（mg/kg）：敌百虫 0.01，皮蝇磷 0.01，毒死蜱 0.01，马拉硫磷 0.01，蝇毒磷 0.01
330	SN/T 1594—2005	进出口茶叶中噻嗪酮残留量的检验方法 气相色谱法 Insepction of buprofezin residue in tea for import and export-Gas chromatography method	规定了进出口茶叶中噻嗪酮残留量检验的抽样、制样和测定方法［气相色谱法］。适用于进出口茶叶中噻嗪酮残留量的检验。方法检出限：0.01mg/kg

序号	标准编号 （被替代标准号）	标准名称	应用范围和要求
331	SN/T 1605—2005	进出口植物性产品中氰草津、氟草隆、莠去津、敌稗、利谷隆残留量检验方法 高效液相色谱法 Inspection of cyanazin, fluometuron, atrazine, propanil and linuron residues in products of plant origin for import and export-HPLC	规定了进出口粮谷中氰草津等 5 种除草剂残留量的抽样、制样和测定方法。适用于进出口小麦、大麦、大豆、油菜籽和大米中氰草津等 5 种除草剂残留量的检验。方法检出限（mg/kg）：氰草津 0.01，氟草隆 0.01，莠去津 0.01，敌稗 0.01，利谷隆 0.01
332	SN/T 1606—2005	进出口植物性产品中苯氧羧酸类除草剂残留量检验方法 气相色谱法 Inspection of phenoxy acid herbicides residues in products of plant origin for import and export-GC	规定了进出口粮谷中麦草畏等 6 种除草剂残留量的抽样、制样和测定方法［气—质法］。适用于进出口小麦、大麦、大豆、油菜籽和大米中麦草畏等 6 种除草剂残留量的检验。方法检出限（mg/kg）：麦草畏 0.025，2，4-滴丙酸 0.05，2，4-滴 0.05，2，4，5-三氯苯氧基丙酸 0.05，2，4，5-三氯苯氧基乙酸 0.05，2，4-滴丁酸 0.05
333	SN/T 1624—2005	进出口蔬菜和水果中嘧霉胺、嘧菌胺、腈菌唑及嘧菌酯残留量检验方法 Inspection of pyrimethanil, mepanipyrim, myclobutanil and azoxystrobin residues in vegetable and fruit for import and export	规定了进出口蔬菜和水果中嘧霉胺等 4 种农药残留量检验的抽样、制样与测定方法［气—质法］。适用于苹果、草莓、黄瓜、茄子中嘧霉胺等 4 种农药残留量的检验。方法检出限（mg/kg）：嘧霉胺 0.2，嘧菌胺 0.2，腈菌唑 0.05，嘧菌酯 0.03

（续）

序号	标准编号 （被替代标准号）	标准名称	应用范围和要求
334	SN/T 1734—2006	进出口水果中 4，6-二硝基邻甲酚残留量的检验方法 气相色谱串联质谱法 Inspection of 4，6-dinitro-cresol residue in fruits for import and export-GC-MS method	规定了水果中 4，6-二硝基邻甲酚（DNOC）残留量的检验的抽样、制样和检验方法［气—质法］。适用于苹果、梨中 4，6-二硝基邻甲酚残留量的检验。方法检出限：0.01mg/kg
335	SN/T 1737.1—2006	除草剂残留量检验方法 第 1 部分 气相色谱串联质谱法测定粮谷及油籽中酰胺类除草剂残留量 Determination of herbicide residues-Part 1: Multiple acetanilide herbicide residues in cereals and oil seeds determined by gas chromatography-mass spetrometry method	规定了进出口粮谷及油籽中酰胺除草剂残留量检验的抽样、制样和测定方法［气—质法］。适用于进出口大米、大豆中酰胺除草剂残留量的检验。方法检出限（mg/kg）：毒草胺 0.02，莠去津 0.02，乙草胺 0.02，异丙甲草胺 0.02，丙草胺 0.02，草萘胺 0.02，二甲吩草胺 0.02，嗪草酮 0.02，敌稗 0.02，甲草胺 0.05，丁草胺 0.05
336	SN/T 1738—2006	进出口粮谷及油籽中虫酰肼残留量的检验方法 气相色谱串联质谱法 Determination of tebufenozide residues in cereals and oil seeds for import and export- Gas chromatography mass spetrometry method	规定了进出口粮谷及油籽中虫酰肼残留量检验的抽样、制样和检测方法［气—质法］。适用于进出口糙米、玉米、大豆、花生仁中虫酰肼残留量的检验。方法检出限：0.1mg/kg

· 209 ·

序号	标准编号 （被替代标准号）	标准名称	应用范围和要求
337	SN/T 1739—2006	进出口粮谷及油籽中多种有机磷农药残留量检验方法 气相色谱串联质谱法 Determination of organophosphrous pesticides residues in cereals and oil seeds for import and export-Gas chromatography mass spetrometry method	规定了进出口粮谷及油籽中55种有机磷农药残留量的检测方法［气—质法］。适用于进出口糙米、玉米、大豆、花生仁中55种有机磷农药残留量的测定和确证。方法检出限（μg/g）：甲胺磷 0.05，乙酰甲胺磷 0.02，氧乐果 0.10，甲基内吸磷 0.10，丙线磷 0.005，二溴磷 0.10，百治磷 0.05，久效磷 0.02，甲基乙拌磷 0.10，乐果 0.01，特丁磷 0.005，地虫硫磷 0.10，二嗪磷 0.02，乙拌磷 0.02，乙嘧硫磷 0.10，除线磷 0.02，磷胺 0.02，甲基对硫磷 0.10，甲基立枯磷 0.05，皮蝇磷 0.10，砜吸磷 0.02，杀螟硫磷 0.10，甲基嘧啶磷 0.05，马拉硫磷 0.10，倍硫磷 0.05，毒死蜱 0.01，水胺硫磷 0.05，毒壤磷 0.05，甲基溴硫磷 0.10，乙基谷硫磷 0.02，毒虫畏 0.02，稻丰散 0.05，丁烯磷 0.05，杀扑磷 0.02，乙基溴硫磷 0.10，杀虫畏 0.10，碘硫磷 0.01，丙硫磷 0.10，丙溴磷 0.05，脱叶磷 0.10，丰索磷 0.02，乙硫磷 0.10，三唑磷 0.02，三硫磷 0.05，致硫磷 0.02，亚胺硫磷 0.05，苯硫磷 0.10，保棉磷 0.05，伏杀硫磷 0.10，溴苯磷 0.05，益棉磷 0.05，吡菌磷 0.05，吡唑硫磷 0.10，蝇毒磷 0.10
338	SN/T 1740—2006	进出口食品中四螨嗪残留量的检验方法 气相色谱串联质谱法 Determination of clofentezine residues in foods for import and export- Gas chromatography mass spetrometry method	规定了进出口食品中四螨嗪残留量的检测方法［气—质法］。适用于进出口柑橘、苹果、菠菜、西兰花、牛肝、鸡肾中四螨嗪残留量测定和确证。方法检出限：0.05mg/kg

序号	标准编号 （被替代标准号）	标准名称	应用范围和要求
339	SN/T 1741—2006	进出口食品中甲草胺残留量的检测方法 气相色谱串联质谱法 Determination of alachlor residues in foods for import and export-Gas chromatography mass spetrometry method	规定了进出口食品中甲草胺残留量的检测方法［气—质法］。适用于进出口玉米、花生、柑橘、菠菜中甲草胺残留量的测定和确证。方法检出限：0.01mg/kg
340	SN/T 1742—2006	进出口食品中燕麦枯残留量的检测方法 气相色谱串联质谱法（野燕枯） Determination of difenzoquat residues in foods for import and export-Gas chromatography mass spetrometry method	规定了进出口食品中野燕枯残留量的检测方法［气—质法］。适用于进出口小麦、玉米、猪肉、牛肉中野燕枯残留量的测定和确证。方法检出限：0.01mg/kg
341	SN/T 1747—2006	出口茶叶中多种氨基甲酸酯类农药残留量的检验方法 气相色谱法 Determination of carbamate insecticide multi-residues in tea for export-Gas chromatography method	规定了出口茶叶中多种氨基甲酸酯类农药残留量检验的抽样、制样和测定方法［气相色谱法］。适用于出口茶叶中多种氨基甲酸酯类农药残留量的检验。方法检出限（mg/kg）：速灭威 0.1，仲丁威 0.1，克百威 0.1，抗蚜威 0.1，残杀威 0.1，二甲威 0.1，异丙威 0.1

序号	标准编号 （被替代标准号）	标准名称	应用范围和要求
342	SN/T 1753—2006	进出口浓缩果汁中噻菌灵、多菌灵残留量检测方法　高效液相色谱法 Determination of thiabendazole and carbendazim residue in concentrated fruits juice for import and export-High performance Liquid chromatography method	规定了浓缩果汁中噻菌灵、多菌灵检验的制样和测定方法［液相色谱法］。适用于浓缩苹果汁、浓缩菠萝汁、浓缩柑果汁、浓缩橙汁、浓缩刺梨汁中噻菌灵、多菌灵残留量的检测。方法检出限　（mg/kg）：噻菌灵 0.02，多菌灵 0.02
343	SN/T 1770—2006	进出口粮谷中抑虫肼残留量测定方法　液相色谱法 Determination of tebufenozide residue in cereals for import and export-Liquid chromatography method	规定了进出口粮谷中抑虫肼残留量检验的抽样、制样和测定方法［液相色谱法］。适用于进出口大米中抑虫肼残留量的检验。方法检出限：0.025mg/kg
344	SN/T 1774—2006	进出口茶叶中八氯二丙醚残留量测定方法　气相色谱法 Determination of octachlorodipropyl ether residue in tea for import and export-Gas chromatography method	规定了进出口茶叶中八氯二丙醚残留量检验的抽样、制样和测定方法［气相色谱法］。适用于进出口茶叶中八氯二丙醚残留量的检验。方法检出限：0.01mg/kg

序号	标准编号 （被替代标准号）	标准名称	应用范围和要求
345	SN/T 1776—2006	进出口动物源食品中 9 种有机磷农药残留量检测方法 气相色谱法 Determination of nine organophosphorus pesticides residues in animal-original food for export and import- Gas chromatography	规定了进出口火腿和腌制鱼干（鳖）中 9 种有机磷农药残留量检验的制样和检测方法 [气相色谱法]。适用于火腿和腌制鱼干中 9 种有机磷农药残留量的检测。方法检出限（mg/kg）：敌敌畏 0.01，甲胺磷 0.01，乙酰甲胺磷 0.01，甲基对硫磷 0.01，马拉硫磷 0.01，对硫磷 0.01，喹硫磷 0.01，杀扑磷 0.01，三唑磷 0.01
346	SN/T 1866—2007	进出口粮谷中咪唑磺隆残留量检测方法 液相色谱法 Determination of imazosulfuron residue in cereals for import and export-Liquid chromatography	规定了出口粮谷中咪唑磺隆残留量检验的制样和检测方法 [液相色谱法]。适用于出口糙米中咪唑磺隆残留量的检测。方法检出限：0.02mg/kg
347	SN/T 1873—2007	进出口食品中硫丹残留量的检测方法 气相色谱—质谱法 Determination of endosulfan residue in food for import and export-GC-MS	规定了食品中 α-硫丹、β-硫丹、硫丹硝酸盐残留量的检测方法 [气—质法]。适用于鳗鱼、泥鳅、鲶鱼、黄鳝、牛肉、大豆、毛豆、菠菜、番茄、甘蓝、苹果、柑橘、茶叶中硫丹残留量的测定。方法检出限（mg/kg）：动物产品 0.004，植物产品 0.01
348	SN/T 1902—2007	水果蔬菜中吡虫啉、吡虫清残留量的测定方法 高效液相色谱法 Determination of imidacloprid and acctamiprid residues in fruits and vegetables-HPLC	规定了水果蔬菜中吡虫啉、吡虫清残留量的测定方法 [液相色谱法]。适用于番茄、黄瓜、柑橘中吡虫啉、吡虫清残留量的检验。方法检出限：0.02mg/kg

序号	标准编号（被替代标准号）	标准名称	应用范围和要求
349	SN/T 1920—2007	进出口动物源性食品中敌百虫、敌敌畏、蝇毒磷残留量的检测方法 液相色谱—质谱/质谱法 Determination of residue of trichlofor, dichlorvos, coumaphos in foodstuffs of animal origin for import and export-LC-MS/MS method	规定了畜、禽分割肉、盐渍肠衣和蜂蜜中敌百虫、敌敌畏、蝇毒磷残留量测定方法［液—质法］。适用于畜、禽分割肉、盐渍肠衣和蜂蜜中敌百虫、敌敌畏、蝇毒磷残留量的检测。方法检出限（mg/kg）：敌百虫 0.01，敌敌畏 0.01，蝇毒磷 0.01
350	SN/T 1923—2007	进出口食品中草甘膦残留量的检测方法 液相色谱—质谱/质谱法 Determination of glyphosate residue in food for import and export-HPLC-MS/MS method	规定了食品中草甘膦残留量检验的制样和测定方法［液—质法］。适用于大豆、小麦、玉米、甘蔗、柑橙、紫苏、板栗、茶叶、虾、鱼、畜禽肉、蜂蜜、香料、人参中草甘膦（PMG）及其代谢产物氨甲基磷酸（AMPA）残留量的检测和确证。方法检出限（mg/kg）：茶叶 0.10，其他 0.05
351	SN/T 1950—2007	进出口茶叶中多种有机磷农药残留量的检测方法 气相色谱法 Determination of organphosphorus pesticide multiresidue in tea for import and export-Gas Chromatography	规定了茶叶中敌敌畏等 21 种有机磷农药残留量的测定方法［气相色谱法］。适用于茶叶中 21 种有机磷农药残留量的测定。方法检出限（mg/kg）：敌敌畏 0.02，甲胺磷 0.02，乙酰甲胺磷 0.02，甲拌磷 0.02，氧乐果 0.02，乙拌磷 0.02，异稻瘟净 0.01，乐果 0.02，皮蝇磷 0.02，毒死蜱 0.02，杀螟硫磷 0.02，对硫磷 0.02，水胺硫磷 0.01，杀扑磷 0.02，乙硫磷 0.02，三唑磷 0.02，芬硫磷 0.01，苯硫磷 0.01，亚胺硫磷 0.02，杀螟硫磷 0.02，喹硫磷 0.01，伏杀硫磷 0.02，吡嘧磷 0.02

序号	标准编号 （被替代标准号）	标准名称	应用范围和要求
352	SN/T 1952—2007	进出口粮谷中戊唑醇残留量的检测方法 气相色谱—质谱法 Determination of tebuonazoe residues in cereals for import and export-GC-MS method	规定了粮谷中戊唑醇残留量的检测方法［气—质法］。 适用于玉米，小麦中戊唑醇残留量的检测和确证。方法检出限：0.01mg/kg
353	YC/T 179—2004	烟草及烟草制品 酰胺类除草剂农药残留量的测定 气相色谱法 Tobacco and tobacco products-Determination of amide herbicides-Gas chromatographic method	规定了烟草中3种酰胺类除草剂残留量的测定法［气相色谱法］。适用于烟草和烟草制品中3种酰胺类除草剂残留量的测定。方法检出限（μg/g）：异丙甲草胺0.02，敌草胺0.02，双苯酰草胺0.02
354	YC/T 180—2004	烟草及烟草制品 毒杀芬农药残留量的测定 气相色谱法 Tobacco and tobacco products-Determination of camphechlor residues-Gas chromatographic method	规定了烟草中毒杀芬残留量的测定法［气相色谱法］。 适用于烟草和烟草制品中毒杀芬残留量的测定。方法检出限：0.05μg/g
355	YC/T 181—2004	烟草及烟草制品 有机氯除草剂农药残留量的测定 气相色谱法 Tobacco and tobacco products-Determination of organochlorine herbicide residues-Gas chromatographic method	规定了烟草中3种有机氯除草剂残留量的测定法［气相色谱法］。适用于烟草和烟草制品中3种有机氯除草剂残留量的测定。方法检出限（μg/g）：麦草畏0.01，2，4-滴0.02，2，4，5-涕0.02

序号	标准编号 （被替代标准号）	标准名称	应用范围和要求
356	YC/T 182—2004	烟草及烟草制品 吡虫啉农药残留量的测定 高效液相色谱法 Tobacco and tobacco products- Determination of imidacloprid residue- High performance liquid chromatographic method	规定了烟草中吡虫啉残留量的测定方法［液相色谱法］。适用于烟草和烟草制品中吡虫啉残留量的测定。方法检出限：0.10μg/g
357	YC/T 183—2004	烟草及烟草制品 涕灭威农药残留量的测定 气相色谱法 Tobacco and tobacco products- Determination of aldicarb residues-Gas chromatographic method	规定了烟草中涕灭威残留量的测定方法［气相色谱法］。适用于烟草和烟草制品中涕灭威残留量的测定。方法检出限：0.04μg/g
358	YC/T 218—2007	烟草及烟草制品 菌核净农药残留量的测定 气相色谱法 Tobacco and tobacco products- Determination of dimethachlon residues- Gas chromatographic method	规定了烟草中菌核净残留量的测定方法［气相色谱法］。适用于烟草和烟草制品中菌核净残留量的测定。方法检出限：0.01mg/kg
359	YC/T 219—2007	烟草及烟草制品 灭多威农药残留量的测定 气相色谱法 Tobacco and tobacco products- Determination of methomyl residues-Gas chromatographic method	规定了烟草中灭多威农药残留量的测定方法［气相色谱法］。适用于干烟草和烟草制品中灭多威残留量的测定。方法检出限：0.02mg/kg

四、安全标准

序号	标准编号 （被替代标准号）	标准名称	应用范围和要求
（一）农药应用			
1	GB 4285—1989	农药安全使用标准 Standards for safety application of pesticides	为安全合理使用农药，防止和控制农药对农产品和环境的污染，保障人体健康，促进农业生产而制订。适用于防治农作物（包括粮食、棉花、蔬菜、果树、烟草、茶叶和牧草等作物）的病虫草害而使用的农药
2	GB/T 8321.1—2000 （GB/T 8321.1—1987）	农药合理使用准则（一） Guideline for safety application of pesticides（Ⅰ）	规定了 18 种农药在 11 种农作物上 32 项合理使用准则。适用于农作物病、虫、草害的防治
3	GB/T 8321.2—2000 （GB/T 8321.2—1987）	农药合理使用准则（二） Guideline for safety application of pesticides（Ⅱ）	规定了 35 种农药在 14 种农作物上 51 项合理使用准则。适用于农作物病、虫、草害的防治
4	GB/T 8321.3—2000 （GB/T 8321.3—1987）	农药合理使用准则（三） Guideline for safety application of pesticides（Ⅲ）	规定了 53 种农药在 13 种农作物上 83 项合理使用准则。适用于农作物病、虫、草害的防治
5	GB/T 8321.4—2006 （GB/T 8321.4—1993）	农药合理使用准则（四） Guideline for safety application of pesticides（Ⅳ）	规定了 50 种农药在 17 种农作物上合理使用准则。适用于农作物病、虫、草害的防治
6	GB/T 8321.5—2006 （GB/T 8321.5—1997）	农药合理使用准则（五） Guideline for safety application of pesticides（Ⅴ）	规定了 43 种农药在 14 种农作物病、虫、草害的防治。适用于农作物及蘑菇上 61 项合理使用准则

序号	标准编号（被替代标准号）	标准名称	应用范围和要求
7	GB/T 8321.6—2000	农药合理使用准则（六）Guideline for safety application of pesticides (Ⅵ)	规定了 39 种农药在 15 种农作物上 52 项合理使用准则。适用于农作物病、虫、草害的防治
8	GB/T 8321.7—2002	农药合理使用准则（七）Guideline for safety application of pesticides (Ⅶ)	规定了 32 种农药在 17 种作物上 42 项合理使用准则。适用于农作物病、虫、草害的防治
9	GB/T 8321.8—2007	农药合理使用准则（八）Guideline for safety application of pesticides (Ⅷ)	规定了 37 种农药在 21 种作作物上的 55 项合理使用准则。适用于农作物病、虫、草害的防治和植物生长调节剂的使用
10	GB 12475—2006（GB 12475—1990）	农药贮运、销售和使用的防毒规程 Antitoxic regulations for storage-transportation, marketing and use of pesticides	规定了农药的装卸、运输、贮存、销售、使用中的防毒要求。新修订版中增加了农药毒性分级的数值表。适用于农药贮存、销售和使用等作业所及其作业人员
11	GB/T 17997—2008（GB/T 17997—1999）	农药喷雾机（器）田间操作规程及喷洒质量评定 Evaluating regulations for the operation and spraying quality of sprayings in the field	规定了农药喷雾机（器）田间操作规程、喷洒质量要求、喷洒质量测定方法及喷洒质量评定。适用于风送式喷雾机、喷杆式喷雾机、担架式机动喷雾机、背负式机动喷雾机、手动喷雾机
12	GB/T 17913—1999	粮食仓库磷化氢环流熏蒸装备 Phosphine recirculation equipment for grain storages	规定了磷化氢环流熏蒸装备的定义、技术要求、检验与试验方法、检验规则及标志、包装、运输与贮存。适用粮食仓库以磷化氢和二氧化碳混合为熏蒸剂，在仓外投药的磷化氢环流熏蒸用成套装备，也适用成套装备中各种独立的装置

序号	标准编号 （被替代标准号）	标准名称	应用范围和要求
13	LS/T 1201—2002	磷化氢环流熏蒸技术规程 Fumigation regulation of phosphine recirculation	规定了磷化氢环流熏蒸的技术要求和作业程序。适用于达到气密性要求的粮食仓库或粮食堆的磷化氢环流熏蒸杀虫
14	LS/T 1212—2008	储粮化学药剂管理和使用规范 Guideline of pesticide management and application for stored grain	规定了储粮化学药剂的术语和定义、分类（按防治对象：熏蒸剂、防护剂，防霉剂及空仓器材杀虫剂；按成分：无机和有机农药剂）管理和使用。适用于储粮化学药剂的采购、运输、装卸、储存、废弃物处理和使用
15	NY/T 393—2000	绿色食品 农药使用准则 Pesticide application guideline for green food production	规定了 AA 级绿色食品及 A 级绿色食品生产中允许使用的农药种类、毒性分级和使用准则。适用于在我国取得登记的生物源农药、矿物源农药和有机合成农药
16	NY 686—2003	磺酰脲类除草剂合理使用准则 Guideline for safety application of sulfonylurea herbicides	规定了 21 种磺酰脲类除草剂［氯磺隆、甲磺隆、单嘧磺隆、噻吩磺隆、苯磺隆、酰嘧磺隆、甲基二磺隆、甲基碘磺隆钠盐、胺苯磺隆、氯嘧磺隆、烟嘧磺隆、砜嘧磺隆、甲酰氨基嘧磺隆、苄嘧磺隆、吡嘧磺隆、乙氧嘧磺隆、环丙嘧磺隆、四唑嘧磺隆、醚磺隆、啶嘧磺隆、甲磺隆］防治田间杂草的使用剂量，使用时期、方法、作物品种和敏感性、轮作后茬作物安全间隔期。适用于指导上述磺酰脲类除草剂在水稻、小麦、大豆、油菜等作物田防治杂草安全、有效、合理使用
17	NY/T 1006—2006	动力喷雾机质量评价技术规范 Technical requirements for power sprayer	规定了动力喷雾机质量评价指标、检测方法和检验规则。适用于由动力驱动的农用液动力喷雾机（也适用电动液动力喷雾机）

（续）

序号	标准编号 （被替代标准号）	标准名称	应用范围和要求
18	NY/T 1027—2006	桑园用药技术规程 The technical rules for chemical application in mulberry field	规定了桑园使用的基本原则、桑园病虫害预测预报、桑药药效的生物技术检测，桑药使用的技术方法及中毒事故的预防和相关的综合防治技术。适用于栽桑树地区的桑树病虫害防治
19	NY/T 1225—2006	喷雾器安全施药技术规范 Technical specification of safety application for operated sprayers	规定了喷雾器安全施药的一般要求、施药前准备、施药操作或施药后处理。适用于喷雾器进行作物病虫草害、仓储病虫害防治及卫生防疫的安全施药（也适用喷洒叶面肥、植物生长剂或杀菌消毒剂）
20	NY/T 1232—2006	植保机械运行安全技术条件 Technical requirements of operating safety for plant protection machinery	规定了植保机械作业安全的基本技术要求。适用于机动植保机械的安全技术检验（也适用手动植保机械）
21	NY/T 1276—2007	农药安全使用规范 总则 General guidelines for pesticide safe use	规定了使用农药人员的安全防护和安全操作的要求。适用于农业使用农药人员
22	NY/T 1643—2006	在用手动喷雾器质量评价技术规范 Technical specification of quality evaluation for operated sprayers in use	规定了在用手动喷雾器检验条件、质量要求、检验方法以及质量评价规则。适用于在农业、园林病虫草害防治以及卫生防疫中在用的压缩喷雾器、背负式手动喷雾器的质量评定
23	SN/T 1123—2002	溴甲烷、硫酰氟帐幕熏蒸操作规程 Rules for sheet fumigation of methyl bromide and sulphuryl fluoride	规定了溴甲烷、硫酰氟帐幕熏蒸的基本要求、熏蒸前准备、除害处理、监督管理和结果评定。适用于使用溴甲烷、硫酰氟对进出境植物、植物产品进行帐幕熏蒸处理

（续）

序号	标准编号（被替代标准号）	标准名称	应用范围和要求
24	SN/T 1442—2004	磷化铝帐幕熏蒸操作规程 Rules for sheet fumigation of aluminium phosphide	规定了磷化铝帐幕熏蒸的基本要求、熏蒸前准备、除害处理、监督管理和结果评定。适用于使用磷化铝对进出境粮谷类进行帐幕熏蒸处理

（二）安全限量

序号	标准编号（被替代标准号）	标准名称	应用范围和要求
1	GB 2763—2005（GB 14868~14874—1994，GB 14928.1~12—1994，GB 14968~14972—1994，GB 15194—1994，GB 15195—1994，GB 16319—1996，GB 16320—1996，GB 16323—1996，GB 16333—1996，GB 2763—1981，GB 4788—1994，GB 5127—1998）	食品中农药最大残留限量 Maximum residue limits for pesticides in food	规定了食品中137种农药最大残留限量（mg/kg）：乙酰甲胺磷：稻谷、小麦、玉米 0.2，蔬菜、水果 1，棉籽 2，茶叶 0.1；三氟羧草醚：大豆 0.1，甲草胺：玉米 0.02，大豆 0.2，花生 0.5；游灭草威：花生 0.02，食用花生、食用棉籽油 0.01，棉籽 0.1；艾氏剂和狄氏剂：原粮 0.02，磷化铝：原粮 0.05；双甲脒：果菜类蔬菜、梨果、柑橘类水果 0.5，棉籽油 0.05；敌菌灵：稻谷 0.2，番茄、黄瓜 10；莠去津：玉米、甘蔗 0.05；三唑锡：梨果类、柑橘类水果 2；丙硫克百威：大米 0.2，棉籽油 0.05；苯嘧磺隆：大米 0.05；灭草松：麦类 0.1，大豆 0.05，棉籽 0.05；联苯菊酯：番茄、梨果类水果、柑橘类水果 0.5；杀虫双：大米 0.2；溴螨酯：梨果类、柑橘类水果 2；噻嗪酮：稻谷 0.3，柑橘类水果 0.5，丁草胺：大米 0.5，硫线磷：柑橘、甘蔗 0.005；克菌丹：梨果类水果 15；甲萘威：稻谷 5，大豆、其他水果、番茄、黄瓜 0.5，蔬菜 2，小麦 0.05，玉米、芦笋、辣椒、油菜籽、甜菜 0.1，梨果类水果 3；克百威：大米、大豆 0.2，小麦、玉米、马铃薯、甘蔗、甜菜、葡萄、甘蔗百威：大米、柑橘类水果 0.5，丁硫克百威：稻谷 0.1，柑橘类水果 0.1；

序号	标准编号（被替代标准号）	标准名称	应用范围和要求
1	GB 2763—2005 （GB 14868～14874—1994， GB 14928.1～12—1994， GB 14968～14972—1994， GB 15194—1994， GB 15195—1994， GB 16319—1996， GB 16320—1996， GB 16323—1996， GB 16333—1996， GB 2763—1981， GB 4788—1994， GB 5127—1998）	食品中农药最大残留限量 Maximum residue limits for pesticides in food	杀螟丹：大米 0.1；灭幼脲：小麦、谷子、甘蓝类蔬菜 3；矮壮素：小麦、玉米 5，棉籽 0.5；氯化苦：原粮 2；百菌清：稻谷、豆类（干）0.2，小麦 0.1，花生 0.05，叶菜类、果菜、瓜菜类蔬菜 5，梨果类水果、柑橘 1，葡萄 0.5；毒死蜱：稻谷、小麦、叶菜类蔬菜、韭菜 0.1，甘蓝类蔬菜、梨果类水果 1，番茄 0.5，茎类蔬菜、棉籽油 0.05，柑橘类水果 2；甲基毒死蜱：原粮 5；绿麦隆：麦类、玉米、大豆 0.1；四螨嗪：甘蓝类蔬菜、梨果类水果 0.5，枣 1；氰戊菊酯：原粮 5；氯氟氰菊酯：叶菜、果菜类蔬菜、梨果类水果 0.1，苹果类水果 0.5，棉籽 0.05，柑橘 0.2，棉籽油 0.02；氯氰菊酯：叶菜、果菜类蔬菜、梨果类蔬菜、甘蓝类蔬菜 0.5；氟氰菊酯：小麦、黄瓜 0.2；2，4-D：小麦 0.5，大白菜 0.2，果菜类蔬菜 0.1；滴滴涕：原粮、豆类、薯类、蔬菜、水果 0.05，茶叶、肉及制品 0.2（10%以上脂肪 2），水产品 0.5，牛乳 0.02，蛋品 0.1，乳制品 0.01（2%以上脂肪 0.5）；溴氰菊酯：原粮、叶菜、甘蓝类蔬菜 0.5，果菜类蔬菜 0.2，梨果类水果、油菜籽、棉籽 0.1，柑橘类水果（皮不可食）0.05，茶叶 10；二嗪磷：稻谷、小麦、棉籽 0.2，柑橘类水果 1，梨果、热带及亚热带水果（皮不可食）0.05，原粮 0.1，蔬菜、水果 0.2；敌敌畏：小麦、玉米、叶菜类、甘蓝类蔬菜、水果 0.2；三氯杀螨醇：梨果、柑橘类水果 1，棉籽油 0.1；敌百虫：麦类 0.1；除虫脲：柑橘类、梨果类水果 1；乐果：稻谷、小麦、大豆、野燕麦、柑橘类、梨果类蔬菜、甘蓝类蔬菜、大豆，食用

序号	标准编号（被替代标准号）	标准名称	应用范围和要求
1	GB 2763—2005 （GB 14868~14874—1994， GB 14928.1~12—1994， GB 14968~14972—1994， GB 15194—1994， GB 15195—1994， GB 16319—1996， GB 16320—1996， GB 16323—1996， GB 16333—1996， GB 2763—1981， GB 4788—1994， GB 5127—1998）	食品中农药最大残留限量 Maximum residue limits for pesticides in food	植物油 0.05，果菜、豆类、茎类、块茎类蔬菜 0.5，叶菜、甘蓝类蔬菜、梨果类水果 1，核果、柑橘类水果 2；稻谷、小麦、杂谷类 0.05，梨果类水果 0.1；二苯胺：苹果 5；食用植物油、草快：小麦、全麦粉、油菜籽 2，小麦粉、食用植物油 0.05；敌瘟磷：大米 0.1；硫丹：棉籽、梨果类水果 1，甘蔗 0.5；顺式氰戊菊酯：柑橘、叶菜类蔬菜、梨果类蔬菜、茶叶 2，棉籽 0.02；乙烯利：番茄、棉籽、热带及亚热带水果（皮不可食）2，乙酰磷：稻谷 0.2，红薯 0.3；苯线磷：花生、花生油 0.05；氯苯嘧啶醇：柑橘、梨果类水果 0.5，香蕉 0.05，苯丁锡：梨果类水果 5，水果、蔬菜 0.5，茶叶、叶菜类蔬菜 5；甲氰菊酯：稻谷、苹果、柑橘 0.5；倍硫磷：稻谷、小麦、蔬菜、水果 0.05，食用植物油 0.01；氰戊菊酯：小麦粉、水果、果菜类蔬菜 0.2，大豆、花生、棉籽油 0.1，全麦粉、叶菜、甘蓝类蔬菜 0.5，块茎类蔬菜 0.05；吡氟氯禾灵：大豆、棉籽 0.1，精吡氟禾草灵：豆类（干）、块茎类蔬菜 0.5，甜菜 0.5；氟氰戊菊酯：果菜类蔬菜、棉籽油 0.05，甘蓝类蔬菜、梨果类水果 0.5，果菜类蔬菜、小麦 0.2；氟硅唑：稻谷、红、绿茶 20，梨果类水果 0.2；氯胺氧乙酸：甘蓝类蔬菜 0.5，棉籽油 0.2；氟氯吡氧菊酯：大豆 0.1；草甘膦：稻谷、梨果类水果 0.2；四氯苯酞：稻谷、氟磺胺草醚：大豆 0.1；

序号	标准编号 （被替代标准号）	标准名称	应用范围和要求
1	GB 2763—2005 （GB 14868~14874—1994， GB 14928.1~12—1994， GB 14968~14972—1994， GB 15194—1994， GB 15195—1994， GB 16319—1996， GB 16320—1996， GB 16323—1996， GB 16333—1996， GB 2763—1981， GB 4788—1994， GB 5127—1998）	食品中农药最大残留限量 Maximum residue limits for pesticides in food	水果 0.1，棉籽油 0.05，小麦、全麦粉 5，小麦粉 0.5，玉米 1，甘蔗 2；吡氟甲禾灵：花生、大豆 0.1，棉籽 0.2，食用植物油 1；六六六：原粮、豆类、薯类、蔬菜、水果 0.05，茶叶 0.2，牛乳 0.02，水产品、蛋品、肉及制品（10%以上脂肪）0.1；七氯：乳制品（2%以上脂肪 0.5）0.01；噻螨酮：番茄、柑橘、梨果类水果 5；抑霉唑：柑橘 0.02；异菌脲：梨果类水果 5，黄瓜 2；甲基异柳磷：原粮、甘薯、花生、甘蔗 0.02，大米 1；水胺硫磷：稻谷 0.1，甜菜 0.02；林丹：柑橘 0.05；异丙威：大米 0.2；稻瘟灵：大米 1；牛乳 0.01；马拉硫磷：蛋品、肉（10%以上脂肪）0.1，葡萄、叶菜类蔬菜 8，甘蓝、果菜、块根类蔬菜 0.5，梨果类水果 4；代森锰锌：西瓜、果菜类蔬菜 1，黄瓜、热带及亚热带水果（皮不可食）2，梨果类、小粒水果（方法限定值）5；甲霜灵：谷子 0.05，黄瓜 0.5，葡萄 1；甲胺磷：稻谷、棉籽 0.1，蔬菜 0.05；杀扑磷：柑橘 2；灭多威：小麦、玉米 0.05，大豆 0.2，苹果、甘蓝类蔬菜 2，禾草敌：大米 0.5，花生 0.5；溴甲烷：原粮 5；异丙甲草胺：大豆、甘蔗、花生、大米 0.1；久效磷：稻谷 0.05；噁草酮：稻谷 0.05；多效唑：稻谷、小麦、苹果、菜籽油 0.05，柑橘 0.2；对硫磷：稻谷、棉籽 0.05，柑橘 0.2；百草枯：苹果 0.2，对硫磷：稻谷、棉籽油 0.05，柑橘（方法限定值）0.01，马铃薯 0.05，苹果 1，玉米 0.1，蔬菜、水果、棉籽油 0.1；甲基对硫磷：稻谷、小麦、玉米、棉籽油 0.05，柑橘（方法限定值）0.01，马铃薯 0.05，苹果（方法限定值）

序号	标准编号（被替代标准号）	标准名称	应用范围和要求
1	GB 2763—2005 (GB 14868~14874—1994, GB 14928.1~12—1994, GB 14968~14972—1994, GB 15194—1994, GB 15195—1994, GB 16319—1996, GB 16320—1996, GB 16323—1996, GB 16333—1996, GB 2763—1981, GB 4788—1994, GB 5127—1998)	食品中农药最大残留限量 Maximum residue limits for pesticides in food	0.01；二甲戊灵：叶菜类蔬菜 0.1；氯菊酯：原粮、水果 2，小麦粉 0.5，蔬菜 1，红、绿茶 20；稻丰散：大米 0.05，柑橘 1；甲拌磷：大米、高粱 0.02，花生 0.1，花生油、棉籽 0.05；伏杀硫磷：棉籽油 0.05，叶菜类蔬菜 1；亚胺硫磷：稻谷、大白菜 0.5，玉米、棉籽 0.05，柑橘类水果 5；磷胺：稻谷 0.1，辛硫磷：原粮、蔬菜、水果 0.05；抗蚜威：麦类、大豆 0.05，油菜籽 0.2，核果类水果 0.5，甘蓝类蔬菜 1；甲基嘧啶磷：稻谷、小麦、全麦粉 5，糙米、小麦粉 2，大米 1；丙草胺：大米 0.1；咪鲜胺：稻谷 0.5，柑橘、香蕉、草莓 10，蘑菇、芒果 2，葡萄 5，黄瓜 2，韭菜 0.2，菜豆 5；腐霉利：果类蔬菜、食用植物油：0.5；丙溴磷：甘蓝 0.5，棉籽油 0.05，敌稗：大米 2；克螨特：柑橘、梨果类水果 5，叶菜类蔬菜 2，棉籽油 0.1；丙环唑：小麦 0.05，香蕉 0.1；噻嗪酮：大米 0.2，柑橘 0.5；五氯硝基苯：小麦、大豆、棉籽油 0.01，马铃薯 0.2，果类蔬菜 0.1；单甲脒：柑橘、梨果类水果 0.5；烯禾啶：大豆、花生 2；戊唑醇：小麦、香蕉 0.05；特丁磷：花生 0.05；噻菌灵：柑橘类水果 10，香蕉 5；杀虫环：大米 0.2，梨果类水果 0.5，硫双威：棉菜、甜菜、三唑酮：稻谷、玉米、高粱 0.1，蔬菜、水果 0.1，小麦 0.05，三唑锡：小麦、玉米、敌百虫 0.1，三环唑：稻谷 2；氟乐灵：大豆、豆油、花生、花生油 0.05，蚜灭磷：梨果类水果 1；乙烯菌核利：番茄 3，黄瓜 1；嘧啶氧磷：稻谷、柑橘 0.1。适用于各类食品

（续）

序号	标准编号（被替代标准号）	标准名称	应用范围和要求
2	NY 660—2003	茶叶中甲萘威、丁硫克百威、多菌灵、残杀威和抗蚜威的最大残留限量 Maximum residue limits of carbaryl, carbosulfan, carbendazim, propoxur and pirimicarb in tea	规定了茶叶中甲萘威等5种农药的最大残留限量和检验方法[液相色谱法]，适用于各类作为饮品的茶叶产品。最大残留限量(mg/kg)：甲萘威5，丁硫克百威[包括代谢产物(3-羟基克百威、残杀威1，克百威5，残杀威1，克百威、以丁硫克百威计]和丁硫克百威，以丁硫克百威计]1。最低检出浓度(mg/kg)：甲萘威0.1，抗蚜威0.1 甲萘威0.4，丁硫克百威0.2，多菌灵0.2，残杀威0.2，抗蚜威0.1
3	NY 661—2003	茶叶中氟氯氰菊酯和氟氰戊菊酯的最大残留限量 Maximum residue limits of cyfluthrin and flucythrinate in tea	规定了各类茶叶产品中氟氯氰菊酯和氟氰戊菊酯的最大残留限量和检测方法[气相色谱法]，适用于各类茶叶类作为饮品的茶叶产品。最大残留限量(mg/kg)：氟氯氰菊酯1，氟氰戊菊酯1。最低检出浓度(mg/kg)：0.001
4	NY 662—2003	花生中甲草胺、克百威、百菌清、苯线磷及异丙甲草胺最大残留限量 Maximum residue limits of alachlor, carbofuran, carbendazim, fenamiphos and metolachlor in peanut	规定了花生(花生仁)中甲草胺等5种农药的最大残留限量，适用于花生。最大残留限量(mg/kg)：甲草胺0.05，克百威[包括代谢产物(3-羟基克百威)残留量总和、以克百威计]0.2，百菌清0.05，苯线磷[包括代谢产物(苯线磷亚砜、苯线磷砜)残留量总和、以苯线磷计]0.05，异丙甲草胺0.5
5	NY 773—2004	水果中啶虫脒最大残留限量 Maximum residue limits for acetamiprid in fruits	规定了啶虫脒在梨(仁)果类、柑橘类水果全果中最大残留限量。适用于梨(仁)果、柑橘类水果。最大残留限量(mg/kg)：2

序号	标准编号 （被替代标准号）	标准名称	应用范围和要求
6	NY 774—2004	叶菜中氯氰菊酯、氯氟氰菊酯、醚菊酯、甲氰菊酯、氟胺氰菊酯、四聚乙醛、氟氯氰菊酯、二甲戊乐灵、阿维菌素、虫酰肼、氟苯脲、丁硫克百威最大残留限量 Maximum residue limits for pesticides in leafy vegetable	规定了氯氰菊酯等13种农药在叶菜中的最大残留限量。适用于叶菜类蔬菜。最大残留限量（mg/kg）：氯氰菊酯1，氯氟氰菊酯0.5，氟胺氰菊酯0.5，氟氯氰菊酯0.5，醚菊酯0.5，甲氰菊酯1，二甲戊乐灵0.2，阿维菌素0.02，四聚乙醛1，氟苯脲0.5，丁硫克百威0.05，氟虫腈0.02，虫酰肼0.5
7	NY 775—2004	玉米籽粒中烯唑醇、甲草胺、溴苯腈、氟草津、麦草畏、二甲戊乐灵、氟乐灵、克百威、顺式氯氰菊酯、噻酚磺隆、异丙甲草胺11种农药的最大残留限量标准 Maximum residue limits for pesticides in maize	规定了烯唑醇等11种农药在玉米中的最大残留限量。适用于鲜食玉米、玉米籽粒。最大残留限量（mg/kg）：烯唑醇0.05，甲草胺0.2，溴苯腈0.1，氟草津0.05，麦草畏0.5，二甲戊乐灵0.1，氟乐灵0.1，克百威0.05，顺式氯氰菊酯0.02，噻酚磺隆0.05，异丙甲草胺0.1
8	NY 831—2004	柑橘中苯螨特、噻嗪酮、氯菊酯、苯硫威、甲氧菊酯、唑螨酯、氟苯脲农药的最大残留限量 Maximum residue limits for pesticides in citrus	规定了柑橘中苯螨特等7种农药的最大残留限量。适用于柑橘类水果。最大残留限量（mg/kg）：苯螨特0.3，噻嗪酮2，氯菊酯1，甲氧菊酯1，苯硫威5，唑螨酯5，氟苯脲0.5
9	NY/T 1243—2006	蜂蜜中农药残留限量（一） Maximum residue limits of pesticides in beehoney	规定了氟胺氰菊酯、氯苯氰菊酯、氟氯苯氰菊酯、溴螨酯在蜂蜜中的最高残留限量，适用于蜂蜜。最大残留限量（μg/kg）：氟胺氰菊酯50，氟氯苯氰菊酯10，溴螨酯100

序号	标准编号 （被替代标准号）	标准名称	应用范围和要求
10	NY 1500.1—2007	农产品中农药最大残留限量 阿维菌素 Maximum residue limits for abamectin in farm products	规定了阿维菌素的最大残留限量（mg/kg）：叶菜 0.05，黄瓜 0.02，豇豆 0.05，柑橘 0.02，梨 0.02，棉籽 0.01
11	NY 1500.2—2007	农产品中农药最大残留限量 苯磺隆 Maximum residue limits for tribenuron-methyl in farm products	规定了苯磺隆的最大残留限量（mg/kg）：小麦（籽粒）0.05
12	NY 1500.3—2007	农产品中农药最大残留限量 苯醚甲环唑 Maximum residue limits for difenoconazole in farm products	规定了苯醚甲环唑的最大残留限量（mg/kg）：白菜 1.0，番茄 0.5，西瓜 0.1，香蕉 1.0，苹果 0.5
13	NY 1500.4—2007	农产品中农药最大残留限量 苄嘧磺隆 Maximum residue limits for bensulfuron-methyl in farm products	规定了苄嘧磺隆的最大残留限量（mg/kg）：稻米 0.05
14	NY 1500.5—2007	农产品中农药最大残留限量 吡虫啉 Maximum residue limits for imidacloprid in farm products	规定了吡虫啉的最大残留限量（mg/kg）：稻米 0.05，小麦（籽粒）0.05，番茄 1.0，节瓜 0.5，萝卜 0.5，甘蓝 1.0，柑橘 1.0，苹果 0.5，甘蔗 0.2，茶叶（成茶）0.5，烟叶（干）5.0，棉籽 0.05

序号	标准编号 （被替代标准号）	标准名称	应用范围和要求
15	NY 1500.6—2007	农产品中农药最大残留限量 吡嘧磺隆 Maximum residue limits for pyrazosulfuron-ethyl in farm products	规定了吡嘧磺隆的最大残留限量（mg/kg）：稻米 0.1
16	NY 1500.7—2007	农产品中农药最大残留限量 哒螨灵 Maximum residue limits for pyridaben in farm products	规定了的最大残留限量（mg/kg）：辣椒 2.0，柑橘 2.0，苹果 2.0，棉籽 0.1，大豆 0.1
17	NY 1500.8—2007	农产品中农药最大残留限量 啶虫脒 Maximum residue limits for acetamiprid in farm products	规定了啶虫脒的最大残留限量（mg/kg）：小麦（籽粒）0.5，甘蓝 0.5，黄瓜 1.0，小白菜 1.0，萝卜 0.5，柑橘 0.5，苹果 0.5，棉籽 0.1，烟叶（干）10.0
18	NY 1500.9—2007	农产品中农药最大残留限量 多菌灵 Maximum residue limits for carbendazim in farm products	规定了多菌灵的最大残留限量（mg/kg）：柑橘 5（全果）
19	NY 1500.10—2007	农产品中农药最大残留限量 多效唑 Maximum residue limits for paclobutrazol in farm products	规定了多效唑的最大残留限量（mg/kg）：花生（仁）0.5

（续）

序号	标准编号 （被替代标准号）	标准名称	应用范围和要求
20	NY 1500.11—2007	农产品中农药最大残留限量 砜嘧磺隆 Maximum residue limits for rimsulfuron in farm products	规定了砜嘧磺隆的最大残留限量（mg/kg）：玉米 0.1
21	NY 1500.12—2007	农产品中农药最大残留限量 氟虫腈 Maximum residue limits for fipronil in farm products	规定了氟虫腈（母体及代谢物总和）的最大残留限量（mg/kg）：叶菜 0.05
22	NY 1500.13—2007	农产品中农药最大残留限量 甲拌磷 Maximum residue limits for phorate in farm products	规定了甲拌磷（包括母体及其砜、亚砜的总和）的最大残留限量（mg/kg）：甘蔗 0.01，大豆 0.05，水果 0.01，蔬菜 0.01
23	NY 1500.14—2007	农产品中农药最大残留限量 甲磺隆 Maximum residue limits for metsulfuron methyl in farm products	规定了甲磺隆的最大残留限量（mg/kg）：稻米 0.05
24	NY 1500.15—2007	农产品中农药最大残留限量 甲氰菊酯 Maximum residue limits for fenpropathrin in farm products	规定了甲氰菊酯的最大残留限量（mg/kg）：甘蓝 0.5，苹果 5.0，柑橘 5.0，茶叶（成茶）5.0

序号	标准编号 （被替代标准号）	标准名称	应用范围和要求
25	NY 1500.16—2007	农产品中农药最大残留限量　克菌丹 Maximum residue limits for captan in farm products	规定了克菌丹的最大残留限量（mg/kg）：黄瓜 5.0，苹果 10.0
26	NY 1500.17—2007	农产品中农药最大残留限量　氯氟氰菊酯 Maximum residue limits for cyhalothrin in farm products	规定了氯氟氰菊酯的最大残留限量（mg/kg）：小麦（籽粒）0.05，苹果（果肉）0.2，荔枝（果肉）0.1，大豆（干）0.02，烟叶（干）5.0，茶叶（成茶）15.0
27	NY 1500.18—2007	农产品中农药最大残留限量　氯磺隆 Maximum residue limits for chlorsulfuron in farm products	规定了氯磺隆的最大残留限量（mg/kg）：小麦（籽粒）0.1
28	NY 1500.19—2007	农产品中农药最大残留限量　氯嘧磺隆 Maximum residue limits for chlorimuron-ethyl in farm products	规定了氯嘧磺隆的最大残留限量（mg/kg）：大豆 0.02
29	NY 1500.20—2007	农产品中农药最大残留限量　嘧霉胺 Maximum residue limits for pyrimethanil in farm products	规定了嘧霉胺的最大残留限量（mg/kg）：黄瓜 2

序号	标准编号 （被替代标准号）	标准名称	应用范围和要求
30	NY 1500. 21—2007	咪鲜胺 农产品中农药最大残留限量 Maximum residue limits for prochloraz in farm products	规定了咪鲜胺的最大残留限量（mg/kg）：黄瓜 0.2，辣椒 2.0，油菜籽 0.5
31	NY 1500. 22—2007	噻吩 磺隆 农产品中农药最大残留限量 Maximum residue limits for thifensulfuron-methyl in farm products	规定了噻吩磺隆的最大残留限量（mg/kg）：玉米 0.02，小 麦（籽粒）0.05，花生（仁）0.05，大豆 0.05
32	NY 1500. 23—2007	三唑 磷 农产品中农药最大残留限量 Maximum residue limits for triazophos in farm products	规定了三唑磷的最大残留限量（mg/kg）：节瓜（瓜肉）0.1， 甘蓝 0.1，荔枝（果肉）0.2，柑橘（果肉）0.2
33	NY 1500. 24—2007	三唑 酮 农产品中农药最大残留限量 Maximum residue limits for triadimefon in farm products	规定了三唑酮的最大残留限量（mg/kg）：甘蓝 0.05，柑橘 1.0，荔枝（果肉）0.05，香蕉 0.05，油菜籽 0.2，棉籽 0.05
34	NY 1500. 25—2007	杀虫 单 农产品中农药最大残留限量 Maximum residue limits for monosultap in farm products	规定了杀虫单的最大残留限量（mg/kg）：稻米 0.5，甘蓝 0.2，菜豆 2.0，苹果 1.0，甘蔗 0.1，烟叶（干）5.0

序号	标准编号 （被替代标准号）	标准名称	应用范围和要求
35	NY 1500.26—2007	农产品中农药最大残留限量 杀铃脲 Maximum residue limits for triflumuron in farm products	规定了杀铃脲的最大残留限量（mg/kg）：苹果 0.1
36	NY 1500.27—2007	农产品中农药最大残留限量 霜脲氰 Maximum residue limits for cymoxanil in farm products	规定了霜脲氰的最大残留限量（mg/kg）：黄瓜 0.5，荔枝 0.1，马铃薯 0.5
37	NY 1500.28—2007	农产品中农药最大残留限量 水胺硫磷 Maximum residue limits for isocarbophos in farm products	规定了水胺硫磷的最大残留限量（mg/kg）：苹果 0.01，棉籽 0.05
38	NY 1500.29—2007	农产品中农药最大残留限量 异丙隆 Maximum residue limits for isoproturon in farm products	规定了异丙隆的最大残留限量（mg/kg）：小麦（籽粒）0.05，稻米 0.05
39	NY 1500.30—2007	农产品中农药最大残留限量 乙草胺 Maximum residue limits for acetochlor in farm products	规定了乙草胺的最大残留限量（mg/kg）：玉米 0.05，大豆 0.1，油菜籽 0.2，花生（仁）0.1
40	NY 1500.31—2008	蔬菜、水果中甲胺磷最大残留限量 Maximum residue limits for methamidophos in farm products	规定了甲胺磷的最大残留限量 [气相色谱法（NY/T 761）]（mg/kg）：水果 0.05

序号	标准编号 （被替代标准号）	标准名称	应用范围和要求
41	NY 1500.32—2008	蔬菜、水果中甲基对硫磷最大残留限量 Maximum residue limits for parathion-methyl in farm products	规定了甲基对硫磷的最大残留限量［气相色谱法（NY/T 761）、气—质法（GB/T 19648）］（mg/kg）：水果 0.02，蔬菜 0.02
42	NY 1500.33—2008	蔬菜、水果中久效磷最大残留限量 Maximum residue limits for monocrotophos in farm products	规定了久效磷的最大残留限量［气相色谱法（NY/T 761）］（mg/kg）：水果 0.03，蔬菜 0.03
43	NY 1500.34—2008	蔬菜、水果中磷胺最大残留限量 Maximum residue limits for phosphamidon in farm products	规定了磷胺的最大残留限量［气相色谱法（NY/T 761）、气—质法（GB/T 19648）］（mg/kg）：水果 0.05，蔬菜 0.05
44	NY 1500.35—2008	蔬菜、水果中甲基异柳磷最大残留限量 Maximum residue limits for isofenphos-methyl in farm products	规定了甲基异柳磷的最大残留限量［气—质法（GB/T 19648）］（mg/kg）：水果 0.01，蔬菜 0.01
45	NY 1500.36—2008	蔬菜、水果中特丁硫磷最大残留限量 Maximum residue limits for terbufos in farm products	规定了特丁硫磷的最大残留限量［气—质法（GB/T 19648）］（mg/kg）：水果，0.01，蔬菜，0.01
46	NY 1500.37—2008	蔬菜、水果中甲基硫环磷最大残留限量 Maximum residue limits for phosfolan-methyl in farm products	规定了甲基硫环磷的最大残留限量［气相色谱法（NY/T 761）］（mg/kg）：水果 0.03，蔬菜 0.03

序号	标准编号 （被替代标准号）	标准名称	应用范围和要求
47	NY 1500.38—2008	蔬菜、水果中冶螟磷最大残留限量 Maximum residue limits for sulfotepin farm products	规定了冶螟磷的最大残留限量［气相色谱法（NY/T 761）、气—质法（GB/T 19648）］(mg/kg)：水果 0.01，蔬菜 0.01
48	NY 1500.39—2008	蔬菜、水果中内吸磷农药最大残留限量 Maximum residue limits for demeton farm products	规定了内吸磷的最大残留限量［气—质法（GB/T 19648）］(mg/kg)：水果 0.02，蔬菜 0.02
49	NY 1500.40—2008	蔬菜、水果中克百威最大残留限量 Maximum residue limits for carbofuran farm products	规定了克百威（包括母体及三羟基克百威的总和）的最大残留限量［气相色谱法（NY/T 761）］(mg/kg)：水果 0.02，蔬菜 0.02
50	NY 1500.41—2008	蔬菜、水果中涕灭威最大残留限量 Maximum residue limits for aldicarb farm products	规定了涕灭威（包括母体及其砜、亚砜的总和）的最大残留限量［气相色谱法（NY/T 761）］(mg/kg)：水果 0.02，蔬菜 0.02
51	NY 1500.42—2008	蔬菜、水果中灭线磷最大残留限量 Maximum residue limits for ethoprophos farm products	规定了灭线磷的最大残留限量［气相色谱法（NY/T 761）、气—质法（GB/T 19648）］(mg/kg)：水果 0.02，蔬菜 0.02
52	NY 1500.43—2008	蔬菜、水果中硫环磷最大残留限量 Maximum residue limits for phosfolan farm products	规定了硫环磷的最大残留限量［气相色谱法（NY/T 761）］(mg/kg)：水果 0.03，蔬菜 0.03

序号	标准编号 （被替代标准号）	标准名称	应用范围和要求
53	NY 1500.44—2008	蔬菜、水果中蝇毒磷最大残留限量 Maximum residue limits for coumaphos farm products	规定了蝇毒磷的最大残留限量（mg/kg）：水果 0.05，蔬菜 0.05 [气—质法（GB/T 19648）]
54	NY 1500.45—2008	蔬菜、水果中地虫硫磷最大残留限量 Maximum residue limits for fonofos farm products	规定了地虫硫磷的最大残留限量（mg/kg）：水果 0.01，蔬菜 0.01 [气—质法（GB/T 19648）]
55	NY 1500.46—2008	蔬菜、水果中氯唑磷最大残留限量 Maximum residue limits for isazofos farm products	规定了氯唑磷的最大残留限量（mg/kg）：水果 0.01，蔬菜 0.01 [气相色谱法（NY/T 761）、气—质法（GB/T 19648）]
56	NY 1500.47—2008	蔬菜、水果中苯线磷最大残留限量 Maximum residue limits for fenamiphos farm products	规定了苯线磷的最大残留限量（mg/kg）：水果 0.02，蔬菜 0.02 [气—质法（GB/T 19648）]
57	NY 1500.48—2008	蔬菜、水果中杀虫脒最大残留限量 Maximum residue limits for chlordimeform farm products	规定了杀虫脒的最大残留限量（mg/kg）：水果 0.01，蔬菜 0.01 [气—质法（GB/T 19648）]
58	NY 1500.49—2008	蔬菜、水果中氧乐果最大残留限量 Maximum residue limits for omethoate farm products	规定了氧乐果的最大残留限量（mg/kg）：水果（除柑橘）0.02，蔬菜 0.02 [气相色谱法（NY/T 761）]

序号	标准编号（被替代标准号）	标准名称	应用范围和要求
（三）中毒急救			
1	GB 7794—1987	职业性急性有机磷农药中毒诊断标准及处理原则 Diagnostic criteria and principles of management of occupational acute organophosphates poisoning	规定了有机磷农药急性中毒的诊断原则（根据短时间接触活性量有机磷的职业史、相应的临床表现，结合全血胆碱酯酶活性降低，参考作业环境的劳动卫生学调查资料和皮肤污染情况，综合分析、排除其他疾病后，方可诊断（给出急性轻度中毒、中度中毒、重度中毒、迟发性神经病的判定依据。分级以临床表现为主要依据，参考胆碱酯酶活性下降程度。同时给出两种测定全血胆碱酯酶活性的方法）和治疗原则（清除毒物、给予特效解毒药和对症治疗）等。适用于生产中使用有机磷农药的人员所发生的急性有机磷中毒。正确掌握分级标准，是合理使用解毒剂、提高治疗效果的重要环节
2	GB 7796—1987	职业性急性溴甲烷中毒诊断标准及处理原则 Diagnostic criteria and principles of management of occupational acute methyl bromide poisoning	规定了急性溴甲烷中毒的诊断原则（根据接触较高浓度溴甲烷的职业史、发病较快，结合临床症状、体征及其他必要的临床检查结果，参考现场劳动卫生学调查结果，综合分析、排除其他有类似症状的疾病，方可诊断。急性溴甲烷中毒没有特异表现）、分级标准（给出轻度中毒、重度中毒的判定依据）和治疗原则（脱离现场、清除污染，观察变化和对症治疗及支持治疗）等。适用于急性溴甲烷中毒。急性溴甲烷中毒没有特效解毒药

序号	标准编号 （被替代标准号）	标准名称	应用范围和要求
3	GB 7797—1987	职业性急性磷化氢中毒诊断标准及处理原则 Diagnostic criteria and principles of management of occupational acute phosphine poisoning	规定了急性磷化氢中毒的诊断原则（根据接触高浓度的职业史、结合临床症状、体征及其他必要的临床检查、参考调查结果、综合分析、排除类似症状的疾病）、分级标准和重度中毒）和治疗原则（立即脱离现场、保持安静、观察和对症治疗及支持疗法）等。适用于急性磷化氢中毒，中毒时没有特异表现。可产生磷化氢的物质有磷化钙、磷化铝、磷化锌。氢化物没有特效解毒药，急救时不能使用肟类药物
4	GB 8792—1988	职业性急性五氯酚中毒诊断标准及处理原则 Diagnostic criteria and principles of management of occupational acute pentachlorophenol poisoning	规定了急性五氯酚（或五氯酚钠）中毒的诊断原则（根据职业接触史、临床表现、排除其引起发热疾病、诊断及分级标准（轻度和重度中毒）和治疗原则（立即去除污染；观察 24 小时病情，注意意识与体温变化，及时采取必要措施；早期治疗，尤其是患者有发热时，采取各种降温措施，如物理降温、冬眠药物等。无穷为支持和对症治疗，合理补液、维持电解质平衡、给予糖皮质激素、供给能量，并注意保护主要脏器。忌用阿托品、巴比妥类药物）等。适用于五氯酚急性中毒诊治，不适用于由此引起急性接触性皮炎
5	GB 11506—1989	职业性急性 1，2-二氯乙烷中毒诊断标准及处理原则 Diagnostic criteria and principles of management of occupational acute 1，2-dichloroethane poisoning	规定了急性 1，2-二氯乙烷中毒的诊断原则（根据确切中毒的职业接触史、结合症状、体征和化验结果综合分析、排除其他类似疾病、方可诊断）、分级标准（给出轻度中毒和重度中毒的判定标准）及治疗原则（迅速脱离现场，移至新鲜空气处；换去被污染的衣服；冲洗污染皮肤、保暖、密切观察病情变化。及时处理）等。适用于 1，2-二氯乙烷急性中毒的诊断与处理。无特殊治疗药物，按内科治疗原则给予对症治疗及支持治疗

序号	标准编号 （被替代标准号）	标准名称	应用范围和要求
6	GB 11510—1989	职业性急性拟除虫菊酯中毒诊断标准及处理原则 Diagnostic criteria and principles of management of occupational acute pyrethroids poisoning	规定了职业性急性拟除虫菊酯中毒诊断标准（根据短期内密切接触较大量拟除虫菊酯的职业史，出现以神经系统兴奋性异常为主的临床表现，结合现场调查，进行综合分析，并排除有类似临床表现的其他疾病后，方可诊断。尿拟除虫菊酯原形或其代谢物可作为接触指标）及分级标准（给出轻度中毒和重度中毒的判定标准）及处理原则（立即脱离现场，有皮肤污染者，严重中毒患者应即脱离接触，严重中毒患者应即脱离现场。观察对象应立即脱离接触；急性中毒以对症治疗为主，必要时可给予对症治疗。急性中毒者应加强支持疗法）等。适用于拟除虫菊酯类杀虫剂引起的急性中毒
7	GB 11513—1989	职业性急性杀虫脒中毒诊断标准及处理原则 Diagnostic criteria and principles of management of occupational acute chlordimeform poisoning	规定了职业性急性杀虫脒中毒诊断标准（根据短期内大量杀虫脒污染皮肤和呼吸道吸入史、临床出现意识障碍、紫绀和出血性膀胱炎等主要表现，参考尿中杀虫脒及其代谢产物4-氯邻甲苯胺及血高铁血红蛋白测定结果，除外有类似表现的其他疾病，方可诊断）及分级标准（给出轻度、中度和重度急性中毒的判定方法）及处理方法（立即脱离现场，脱去被杀虫脒污染的衣物，用肥皂水清洗污染部位的皮肤；维生素C和葡萄糖溶液静脉滴注。明显高铁血症症者用美蓝1～2mg/kg加50%葡萄糖溶液稀释、静脉缓慢注射，必要时重复半量一次。出血性膀胱炎患者应用5%NaHCO₃静脉滴注。昏迷和休克等急救处理与内科相同）。适用于以皮肤吸收和呼吸道吸入引起的职业性急性杀虫脒中毒

（续）

序号	标准编号（被替代标准号）	标准名称	应用范围和要求
8	GB 16372—1996	职业性急性氨基甲酸酯杀虫剂中毒诊断标准及处理原则 Diagnostic criteria and principles of management of occupational acute carbamate insecticides poisoning	规定了职业性急性氨基甲酸酯杀虫剂中毒的诊断标准（根据短时间接触大量氨基甲酸酯杀虫剂的职业史，迅速出现相应的临床表现，结合全血胆碱酯酶活性的及时测定结果、参考现场劳动卫生学调查资料，进行综合分析，排除其他病因后，方可诊断）及处理原则（迅速离开中毒现场，脱去污染衣服，用肥皂和温水彻底清洗污染的皮肤、头发和指甲。特效解毒药物：轻度中毒者可不用特效解毒药物，必要时可口服或肌肉注射阿托品，但不必阿托品化；重度中毒者根据病情应用阿托品，并尽快达阿托品化。单纯氨基甲酸酯杀虫剂中毒不用肟类复能剂。对症处理原则与内科相同。硫代（或二硫代）氨基甲酸酯除草剂或杀菌剂对机体胆碱酯酶无抑制作用，其中毒诊断及处理不能依照本标准）等。适用于职业性急性氨基甲酸酯杀虫剂中毒的诊断及处理
9	WS/T 115—1999	职业接触有机磷酸酯类农药的生物限值 Biological limit values for occupational exposure to organophosphate insecticides	规定了职业接触有机磷酸酯类农药的生物监测指标（全血胆碱酯酶活性校正值）、生物限值（原基础参考值的70%，采样时间：接触起始后三个月内，任意时间；原基础值或参考值的50%，采样时间：持续接触三个月以后，任意时间）及监测检验方法。适用于有机磷酸酯类农药职业接触者的生物监测

• 240 •

（续）

序号	标准编号 （被替代标准号）	标准名称	应用范围和要求
10	WS/T 85—1996	食源性急性有机磷农药中毒诊断标准及处理原则 Diagnostic criteria and principles of management of dietary acute organophosphates poisoning	规定了食源性急性有机磷农药中毒的诊断标准（给出急性轻度、中度、重度中毒以及迟发性神经病的判定方法）、判定原则（结合流行病学调查、临床表现和实验室检查来判定）及处理原则（清除毒物：催吐、洗胃、以排出毒物；特效解毒药：轻度中毒者可单独给予阿托品、中度或重度中毒者，需要阿托品和胆碱酯酶复能剂两者并用，敌敌畏、乐果中毒者应以阿托品为主；对症治疗：处理原则同内科；急性中毒者临床症状消失后，应继续观察 2～3d；乐果、马拉硫磷等中毒者，应适当延长观察时间；重度中毒者，应避免过早活动，以防病情突变）。适用于因食用有机磷农药污染的食物而引起的急性有机磷农药中毒
（四）环境安全			
1	GB 18468—2001	室内空气中对二氯苯卫生标准 Hygienic standard for p-dichlorobenzene in indoor air	规定了室内空气中对二氯苯（防蛀剂、驱虫剂、除臭剂）的日平均最高容许浓度（$1.0 mg/m^3$）及其检验方法。适用于室内空气的监督监测和卫生评价，不适用于生产场所的室内环境
2	GB 21523—2008	杂环类农药工业水污染物排放标准 Effluent standards of pollutants for heterocyclic pesticides industry	规定了杂环类农药原药生产过程中水污染物排放限值。适用于杂环类（吡虫啉、三唑酮、三唑磷、多菌灵、百草枯、莠去津、氟虫腈）原药生产企业的污染物排放控制和管理，及环境影响评价、环境保护设施设计、竣工验收及其运营期的排放管理

序号	标准编号 （被替代标准号）	标准名称	应用范围和要求
3	HJ/T 217—2005 （HJBZ 32—1999）	环境标志产品技术要求 防虫蛀剂 Technical requirement for environmental labeling products-Products mothproof agent	规定了防虫蛀剂类环境标志产品的产品分类、基本要求、技术内容［生产过程中不得使用萘或使用萘对二氯苯；喷雾罐包装的液态产品不得使用氯氟化碳（CFCs）作为气雾推进剂］和检验方法。适用于以樟脑或拟除虫菊酯为原料生产的衣物、布料、书籍类用防虫蛀剂产品。防虫蛀剂类产品按形态分为二类：固体和液体
4	HJ/T 310—2006 （HBC 11—2002）	环境标志产品技术要求 盘式蚊香（蚊香） The technical requirement for environmental labeling products-Mosquito-repellent incense coil	规定了蚊香类环境标志产品基本要求、技术内容［烟尘排放量≤30mg/单圈；焦油排放量≤20mg/单圈；急性吸入毒性药量＞5 000mg/m³；室内药效（KT₅₀）≤7min，模拟现场药效（1h击倒率）≥85%］及其检验方法。适用于以家用卫生杀虫剂、植物性粉末、碳质粉末、黏质粉末、黏合剂和着色剂混合制成的各类蚊香
5	HJ/T 423—2008 （HJBZ 20—1997）	环境标志产品技术要求 杀虫气雾剂 Technical requirement for environmental labeling products-Aerosol insecticide	规定了杀虫气雾剂环境标志产品的基本要求、技术内容［不得使用国际公约限定的持久性有机污染物；不得使用氯氟化碳类物质（CFCs）（气相色谱法）；苯系物含量（以苯计）≤50mg/L（气相色谱法）；毒性应符合微毒级要求；挥发性有机化合物（VOC）（气相色谱法）控制要求：杀爬虫气雾剂≤40%，全释放型杀虫气雾剂≤45%，全释放型杀虫气雾剂≤55%］和检验方法等。适用于各类杀虫气雾剂产品

索　引

（二）行业标准（按照行业代码的字母顺序排列）

1. 包装

2. 化工

3. 环境保护

7. 水产